五芳斋粽子制作技艺

五芳斋粽子制作技艺

总主编 金兴盛

浙江省非物质文化遗产代表作丛书

浙江摄影出版社

杨颖立 徐炜 屠丽辉 编著

总 序

中共浙江省委书记
省人大常委会主任 夏宝龙

　　非物质文化遗产是人类历史文明的宝贵记忆，是民族精神文化的显著标识，也是人民群众非凡创造力的重要结晶。保护和传承好非物质文化遗产，对于建设中华民族共同的精神家园、继承和弘扬中华民族优秀传统文化、实现人类文明延续具有重要意义。

　　浙江作为华夏文明发祥地之一，人杰地灵，人文荟萃，创造了悠久璀璨的历史文化，既有珍贵的物质文化遗产，也有同样值得珍视的非物质文化遗产。她们博大精深，丰富多彩，形式多样，蔚为壮观，千百年来薪火相传，生生不息。这些非物质文化遗产是浙江源远流长的优秀历史文化的积淀，是浙江人民引以自豪的宝贵文化财富，彰显了浙江地域文化、精神内涵和道德传统，在中华优秀历史文明中熠熠生辉。

　　人民创造非物质文化遗产，非物质文化遗产属于人民。为传承我们的文化血脉，维护共有的精神家园，造福子孙后代，我们有责任进一步保护好、传承好、弘扬好非物质文化遗产。这不仅是一种文化自觉，是对人民文化创造者的尊重，更是我们必须担当和完成好的历史使命。对我省列入国家级非物质文化遗产保护名录的项目一项一册，编纂"浙江省非物质文化遗产代表作丛书"，就是履行保护传承使命的具体实践，功在当代，惠及后世，有利于群众了解过去，以史为鉴，对优秀传统文化更加自珍、自爱、自觉；有利于我们面向未来，砥砺勇气，以自强不息的精神，加快富民强省的步伐。

党的十七届六中全会指出，要建设优秀传统文化传承体系，维护民族文化基本元素，抓好非物质文化遗产保护传承，共同弘扬中华优秀传统文化，建设中华民族共有的精神家园。这为非物质文化遗产保护工作指明了方向。我们要按照"保护为主、抢救第一、合理利用、传承发展"的方针，继续推动浙江非物质文化遗产保护事业，与社会各方共同努力，传承好、弘扬好我省非物质文化遗产，为增强浙江文化软实力、推动浙江文化大发展大繁荣作出贡献！

（本序是夏宝龙同志任浙江省人民政府省长时所作）

前 言

浙江省文化厅厅长　金兴盛

要了解一方水土的过去和现在，了解一方水土的内涵和特色，就要去了解、体验和感受它的非物质文化遗产。阅读当地的非物质文化遗产，有如翻开这方水土的历史长卷，步入这方水土的文化长廊，领略这方水土厚重的文化积淀，感受这方水土独特的文化魅力。

在绵延成千上万年的历史长河中，浙江人民创造出了具有鲜明地方特色和深厚人文积淀的地域文化，造就了丰富多彩、形式多样、斑斓多姿的非物质文化遗产。

在国务院公布的四批国家级非物质文化遗产名录中，浙江省入选项目共计217项。这些国家级非物质文化遗产项目，凝聚着劳动人民的聪明才智，寄托着劳动人民的情感追求，体现了劳动人民在长期生产生活实践中的文化创造，堪称浙江传统文化的结晶，中华文化的瑰宝。

在新入选国家级非物质文化遗产名录的项目中，每一项都有着重要的历史、文化、科学价值，有着典型性、代表性：

德清防风传说、临安钱王传说、杭州苏东坡传说、绍兴王羲之传说等民间文学，演绎了中华民族对于人世间真善美的理想和追求，流传广远，动人心魄，具有永恒的价值和魅力。

泰顺畲族民歌、象山渔民号子、平阳东岳观道教音乐等传统音乐，永康鼓词、象山唱新闻、杭州市苏州弹词、平阳县温州鼓词等曲艺，乡情乡音，经久难衰，散发着浓郁的故土芬芳。

　　泰顺碇步龙、开化香火草龙、玉环坎门花龙、瑞安藤牌舞等传统舞蹈，五常十八般武艺、缙云迎罗汉、嘉兴南湖掼牛、桐乡高杆船技等传统体育与杂技，欢腾喧闹，风貌独特，焕发着民间文化的活力和光彩。

　　永康醒感戏、淳安三角戏、泰顺提线木偶戏等传统戏剧，见证了浙江传统戏剧源远流长，推陈出新，缤纷优美，摇曳多姿。

　　越窑青瓷烧制技艺、嘉兴五芳斋粽子制作技艺、杭州雕版印刷技艺、湖州南浔辑里湖丝手工制作技艺等传统技艺，嘉兴灶头画、宁波金银彩绣、宁波泥金彩漆等传统美术，传承有序，技艺精湛，尽显浙江"百工之乡"的聪明才智，是享誉海内外的文化名片。

　　杭州朱养心传统膏药制作技艺、富阳张氏骨伤疗法、台州章氏骨伤疗法等传统医药，悬壶济世，利泽生民。

　　缙云轩辕祭典、衢州南孔祭典、遂昌班春劝农、永康方岩庙会、蒋村龙舟胜会、江南网船会等民俗，彰显民族精神，延续华夏之魂。

　　我省入选国家级非物质文化遗产名录项目，获得"四连冠"。这不仅是我省的荣誉，更是对我省未来非遗保护工作的一种鞭策，意味着今后我省的非遗保护任务更加繁重艰巨。

重申报更要重保护。我省实施国遗项目"八个一"保护措施，探索落地保护方式，同时加大非遗薪传力度，扩大传播途径。编撰浙江非遗代表作丛书，是其中一项重要措施。省文化厅、省财政厅决定将我省列入国家级非物质文化遗产名录的项目，一项一册编纂成书，系列出版，持续不断地推出。

这套丛书定位为普及性读物，着重反映非物质文化遗产项目的历史渊源、表现形式、代表人物、典型作品、文化价值、艺术特征和民俗风情等，发掘非遗项目的文化内涵，彰显非遗的魅力与特色。这套丛书，力求以图文并茂、通俗易懂、深入浅出的方式，把"非遗故事"讲述得再精彩些、生动些、浅显些，让读者朋友阅读更愉悦些、理解更通透些、记忆更深刻些。这套丛书，反映了浙江现有国家级非遗项目的全貌，也为浙江文化宝库增添了独特的财富。

在中华五千年的文明史上，传统文化就像一位永不疲倦的精神纤夫，牵引着历史航船破浪前行。非物质文化遗产中的某些文化因子，在今天或许已经成了明日黄花，但必定有许多文化因子具有着超越时空的生命力，直到今天仍然是我们推进历史发展的精神动力。

省委夏宝龙书记为本丛书撰写"总序"，序文的字里行间浸透着对祖国历史的珍惜，强烈的历史感和拳拳之心。他指出："我们有责任进一步保护好、传承好、弘扬好非物质文化遗产。这不仅是一种文化自觉，是对人民文化创造者的尊重，更是我们必须担当和完成好的历史使命。"言之切切的强调语气跃然纸上，见出作者对这一论断的格外执着。

非遗是活态传承的文化，我们不仅要从浙江优秀的传统文化中汲取营养，更在于对传统文化富于创意的弘扬。

非遗是生活的文化，我们不仅要保护好非物质文化表现形式，更重要的是推进非物质文化遗产融入愈加斑斓的今天，融入高歌猛进的时代。

这套丛书的叙述和阐释只是读者达到彼岸的桥梁，而它们本身并不是彼岸。我们希望更多的读者通过读书，亲近非遗，了解非遗，体验非遗，感受非遗，共享非遗。

2015年12月20日

目录

2009年9月23日，浙江省文化厅公布了第三批浙江省非物质文化遗产项目代表性传承人名单，作为五芳斋粽子制作技艺的传承人，姚九华榜上有名。2011年6月8日，文化部公布了五芳斋粽子制作技艺列入第三批国家级非物质文化遗产名录，这是国家对作为中华民族传统文化的五芳斋粽子制作技艺的认可和保护。

嘉兴市是中国稻作文化的发祥地，创造了脍炙人口的"嘉湖细点"，被誉为"南方点心的重要来源"。而在众多的"嘉湖细点"中，为首者当属粽子，于是就有了五芳斋粽子制作技艺。

五芳斋粽子制作技艺是嘉湖一带粽子制作技艺的集大成者，五芳斋粽子制作技艺实际上代表着嘉湖一带流传千百年的粽子制作技艺。

端午习俗在嘉兴是一项深入民间的民风民俗，而端午食粽是端午习俗中最重要的一项活动，因而嘉兴成了中国端午习俗的重要保护传承地区。这一民风民俗的保护和传承，是五芳斋粽子制作技艺得以传承的基础。

由于五芳斋粽子制作技艺精湛，五芳斋粽子以"糯而不糊，肥而不腻，肉嫩味香，咸甜适中"的特色成为江南粽子的典型代表，为广大消费者所喜爱，走向全国，走向世界。

为了弘扬中国的粽子文化，全面反映五芳斋粽子制作技艺的形成、发展、传承的轨迹，展示五芳斋粽子制作技艺的文化底蕴，五芳斋集团组织人员撰写了《五芳斋粽子制作技艺》一书。

《五芳斋粽子制作技艺》介绍五芳斋粽子的渊源及形成、工艺特点、制作技艺传承人谱系、主要特征与重要价值、面临的问题及保护措施等，是五芳斋粽子制作技艺的第一次全面记述和总结，通过记述和总结，可以了解五芳斋的发展史、奋斗史、传承史，从中发现民族节令食品传承和发展的规律，为其他节令食品的传承和发展寻找出一条切实可行的道路。

但要将这一切全面记述下来却难度不小，最难的是，20世纪三四十年代曾有三家五芳斋并存于嘉兴一条小小的弄堂——张家弄。此外，传承人姚九华在世时，对他作了一些抢救性的记录，内容比较好写，而在他之前的三位五芳斋前辈因过世较早，他们在创建五芳斋过程中的事迹则没有及时抢救记录。而这样的书，历史的真实性十分重要。

在深入调查过程中我们了解到，三家五芳斋的创建人张锦泉的妻子唐奶纳及子女、朱庆堂之子朱烈、冯昌年的子女尚健在，于是马上进行了采访挖掘。

通过他们的口述，还原了五芳斋历史的真实面目。

五芳斋集团董事长 厉建平

一、概述

「嘉湖细点」的水点，可分为麦面制品和米制品。其中米制品是「嘉湖细点」中最具地方特色的点心。这与嘉湖一带千百年来一直是水稻作物的传统产区有关，因此产生了诸如粽子、年糕、印板糖糕、桂花糖糕、汤团、青团、麦芽团子、饭滋等美点。这些米制品无不打着江南的烙印，散发着江南的味道。特别是粽子，尤为嘉兴人所爱。

一、概述

　　嘉兴地处中国东南沿海，长江三角洲的中心。东接上海，北邻苏州，西连杭州，南濒杭州湾。陆地面积3915平方公里，人口338.07万。下辖南湖、秀洲两区，平湖、海宁、桐乡三市，嘉善、海盐两县。市境介于北纬30°21′—31°2′与东经120°18′—121°16′之间。

　　嘉兴自古为富庶繁华之地，被誉为"鱼米之乡"、"丝绸之府"。早在唐代，李翰的《嘉兴屯田政绩记》中就有"嘉禾一穰，江淮为之康；嘉禾一歉，江淮为之俭"一说。明代文德翼的《严漕兑议》中亦有记述："江南之赋浙为重，而全浙独浙西有漕，漕独嘉兴为首，全浙夏秋两税共米二百五十一万二百九十九石……（嘉兴）一郡当全浙之半也。"可见嘉兴经济对国家经济的影响力，这是嘉兴富庶的最好证明。

　　而这种富庶造就了嘉兴富豪官绅的奢华生活，

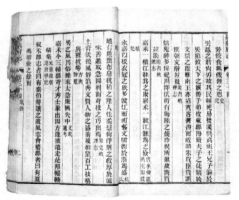

《嘉兴府志》中记载唐代李翰的《嘉兴屯田政绩记》内容

他们衣必锦罗，住必华府，行必车舆。这种奢华生活在饮食上的具体表现是，追求食物的精细化，注重食品的色、香、味、形。由此，"嘉湖细点"应运而生。

"嘉湖细点"是明朝以后嘉兴、湖州地区点心的总称，因其做工精细、口感特佳而被冠以"细点"美称。"嘉湖细点"按形式可分为水点和干点，按主料可分为米制品、麦面制品、糖制品。在"嘉湖细点"中，干点作为茶食比水点更为广泛，因干点是可储存的食品，一般家庭以此迎来送往最为普遍；水点制作相对复杂，是要现做现吃的，因此，以水点为茶食，大都由酒肆茶楼供应。南方人喜饮的早茶，其供应的点心以水点为主就是最好的例证。以干点为茶食，为大众所接受；而以水点为茶食，则更为上档次，这是旧时"嘉湖细点"的存在状态。而现今，由于生活条件的改善，水点已然成为人们餐饮的一个不可缺失的部分，与人们日常生活的联系日趋紧密，在"嘉湖细点"中，水点也当仁不让地上升到主导位置。

"嘉湖细点"的水点，可分为麦面制品和米制品。其中米制品是"嘉湖细点"中最具地方特色的点心。这与嘉湖一带千百年来一直是水稻作物产区有关，因此产生了诸如粽子、年糕、印板糖糕、桂花糖糕、汤团、青团、麦芽团子、饭糍等美点。这些米制品无不打着江南的烙印，散发着江南的味道。特别是粽子，尤为嘉兴人所爱。

嘉湖细点

嘉湖细点

中国之熟心文化
南北若菜散央
北方稻为宜糯
荼食南方以嘉湖
细熟菜为首名
嘉兴五芳斋之
粽子正是一大
享宴之特色品
种 于夏夏初
吴莲折茛水
白雪斋

[壹]粽子起源史

"民以食为天"，这是古训，更是人类立身之本。因为在整个人类进化、发展历史中，"食"始终贯穿其间，起到了推动、催化的作用。从饥不择食到追求精美，从简单果腹到崇尚文化，从茹毛饮血到蒸煮煎炒，无不打着人类进化的烙印。

在中华民族的进化史中，有一种食品始终保持着它的原始形态、初始风味，它就是被誉为"国粹"的粽子。

早在五十万年前，我们的祖先开始了火的运用，人类从茹毛饮血发展到刀耕火种的阶段，社会形态也开始了以养殖业为主的母系社会，这是人类向文明进化的关键一步。

人类起初用火的主要目的是将食物熟化，因为只有熟化的食物才可确保身体的营养和健康，这是人类食文化的起源。

那么，怎么将食物熟化呢？

当时炉、灶、锅、铲一类的炊具尚未发明，于是我们的祖先就用树叶包裹食物放在火中煨熟后剥叶而食，这就是人类餐饮史上最早的时期——包烹时期。这种形态的食物虽还不能被称为"粽子"，但已经有了粽子的雏形。"包烹"煨熟的食物有明显的缺点，就是时有夹生、焦硬，口感并不十分好。但这一熟化食物的方法，一直沿用了近五十万年。

之后，一种更先进的熟化食物的方法诞生了，那就是在地上挖一个坑，在坑中垫上整张的兽皮，再注入清水，将用植物叶子包裹的食物放入，然后把烧烫的石头不断投入水中，使水沸腾，通过沸腾的水，将食物煮熟后剥叶而食。从此，人类餐饮进入了石烹时期。由石"烹煮"熟的食物水分较多，香软适口，非常接近现在的粽子。而石烹时期至今也有近一万年的历史了。

粥、饭的产生就更加晚了，这是因为粥、饭的制作是要依赖炊具来完成的。而制作粥、饭的陶器——鬲的发明，是五千年前的事。

综上所述，粽子是世界上最古老的食品之一。

还必须一提的是，从"包烹"到"石烹"这五十多万年的岁月更迭中，人类对包裹食物的植物叶子也进行了不断的筛选，最终像箬叶、菰叶、竹叶、芦叶等没有异味、具有植物芳香的叶子成了首选，至此，粽子才真正定型。

粽子在古代最早被称为"角黍"，这就证明黄河流域是它的起源地，因为黍是原生于黄河流域的一种耐高寒、耐干旱的粮食作物。

西周时期周公旦所著《周礼"职方氏"》中将黍（小米）、稷（高粱）、菽（豆类）、麦、稻等有谷壳的农作物称为"五谷"，其中以黍为首。在那时，黍被称为"社稷之谷"，"社稷"是"江山"的代名词，就是说有了黍就可稳定政权，可见它在粮食作物中的重要性。

既然粽子在古代被称为"角黍"，顾名思义，古代的粽子是由箬叶包裹黍而成的。由李昉、李穆、徐铉等学者奉敕编纂，成书于北宋太平兴国八年（983年）十月的《太平御览》在说到"角黍"时，引用西晋周处《岳阳风土记》的说法："俗以菰叶裹黍米，以淳浓灰汁煮之令烂熟，于五月五日及夏至啖之。一名粽，一名角黍。"《集韵·送韵》："糉，角黍也。或作粽。""糉"为"粽"字的异体字。由此可以推断，角黍应起源于先秦时期的黄河流域，距今已有三四千年的历史。

必须指出的是，古时煮粽为什么要用"淳浓灰汁煮之"，这是因为"黍"较不易煮至"烂熟"，需用碱性物质助熟。

从食物制作的方便及规律来看，圆形、方形、片状、条状、汤状以及依所盛器物为形，是几种基本形态，而粽子却是一个扭曲的长方形，形似牛角——这恐怕也是"角黍"这一称谓的由来吧。

粽子为什么会有这么一种别具一格的形状呢？那是因为在夏、商、周时期，祭祀礼制已趋于完备，以牛为牺牲成了祭祀礼制最高等级"太牢"的代表性祭品。但是，频繁不断地祭祀，就要宰杀大量的耕牛，在生产力低下、社会财富有限的远古时代，人们无法承担这种近乎倾其所有的牺牲奉献，于是，一种变通办法产生了：用牛的典型象征——牛角的替代物来作为祭品，于是用植物叶子包裹黍米的食物就被做成牛角状，这种替代物就此被称为"角黍"。

虽然粽子成了神圣的祀神食品，然而千百年来饮食习俗的世

代传承，粽子本身所呈现的特质并未变化，它终究是中华民族安身立命的一种食物或一道美食。因为它所具有的神圣性、经济性，人们开始在各种祭祀场合将其作为祭祀物品，如龙图腾民族祭祖、祭"地腊"时，春秋战国时期纪念介子推、屈原、伍子胥时，以至于越王勾践为复国训练水师时，都以粽子为贡品。

渐渐地，在各类节令欢娱之时也有了它的身影。江南一带，清明、端午、夏至，人们都有食粽的习俗。尤其当粽子成为端午节的专有节令食品之后，它更成了中华民族文化传承和凝聚的承载物。

鉴于粽子在中国源远流长，且风味独特、形态奇异，把粽子定义为"第一中华美食"应是实至名归的。

[贰]粽子发展史

（一）糯米入粽使粽子商业化

糯米入粽应该是江南粽子崛起、北方角黍式微的分水岭。

那么，糯米入粽起于何时？

在中国最早的一部解释词义的书《尔雅·翼》卷一"伍"字注中，曾引《荆楚岁时记》佚文："其菰叶，荆楚俗以夏至日用裹黏米煮烂，二节日所尚，一名粽，一名角黍。"黏米即带有黏性的黍米。《荆楚岁时记》为南朝梁宗懔（501—565）所著，这说明在一千五百多年前湖南、湖北一带是以黍米入粽的。

由唐代段成式（803—863）撰写的笔记小说《酉阳杂俎》中曾

记述，长安"庾家粽子，白莹如玉"。这只是说庾家的粽子比较白，并不能证明那时糯米已经入粽。成书于北宋末年的《东京梦华录》及成书于南宋末年、元朝初期的《梦粱录》、《武林旧事》，虽然在记录开封、杭州等地的端午习俗中都提到了"糉"（粽），但也未见糯米入粽的描述。

明朝韩奕所撰《易牙遗意》二卷，卷下云："粽子，用糯米淘净，夹柿轧、银杏、赤豆以菱叶或箬叶裹之"。"又法：以艾叶浸米裹谓之艾香粽子，凡煮粽子必用稻柴灰淋汁煮，亦有用些许石灰煮者，欲其菱叶青而香也"。

韩奕，字公望，号蒙斋，今江苏苏州人，生于元朝末年（约1370年），明初著名医学家。精于"本草"，善于饮食烹煮。入明后隐居，好与名僧游。所撰《易牙遗意》的内容都与苏嘉湖一带的风物习俗有极大的关系。

明代伟大的医学家、药物学家李时珍在《本草纲目·谷部》第二十五"粽"中亦有这么一段意味深长的记载："糉，俗作粽。古人以菰叶裹黍米煮成，尖角，如糉棕叶心之形，故曰糉，曰角黍。近世多用糯米矣，今俗五月五日以为节物相馈送。或言为祭屈原，作此投江，以饲蛟龙也。"

李时珍，湖北蕲州（今湖北省黄冈市蕲春县蕲州镇）人，汉族，生于明武宗正德十三年（1518年），卒于神宗万历二十一年（1593

年）。据此可知，《本草纲目》成书时已是明朝中晚期。《本草纲目》是李时珍以毕生精力，亲历实践，广收博采，历时二十九年编成的，是一本对中国的草药进行全面整理、总结的鸿篇巨制，因此书中所载内容的可靠性是很高的。

从以上记载来看，糯米入粽应是在元末明初，距今约六百年的时候。

《易牙遗意》还告诉我们，在元末明初糯米中只夹入了"柿轧、银杏、赤豆"，而用"稻柴灰淋汁煮，亦有用些许石灰煮者"是很普遍的。

事实上，明代以后此法煮粽逐渐弃用。这说明，糯米入粽易煮烂，不需再在煮粽时加"稻柴灰"、"石灰"助熟，这也间接证明糯米入粽应是在元末明初。

《古禾杂识》封面书影　　《古禾杂识》内页书影

　　还须提及的是，虽然在段成式的《酉阳杂俎》中提及唐代长安已有粽子店的存在，然在《东京梦华录》、《梦粱录》及《武林旧事》等书中提及市井售卖的各色点心、小吃不下百余种之多，但未见有粽子位列其中。这只有一种可能，即粽子在宋元时，在江南只作为祭祀品，并不入市井买卖，这也印证了那时粽子尚不是商品。

　　由嘉兴人项映薇所辑，成书于清乾隆年间的《古禾杂识》中记录有一首嘉兴民谣，中有"南门大粽子"之句。1913年，吴受福在续增《古禾杂识》时专门为此注释道："南市极短，止通乡傥，无大店铺，仅见鬻糕团小经营，而某家角黍最大，乡下人竞趋之。"这说明在乾隆年间嘉兴已经有粽子卖，而且非常受欢迎。清乾隆时期距明末仅一百多年历史，由此推断，江南一带，粽子作为商品应是在糯米入粽之后的明末清初。这个时间与《本草纲目》成书时间相近。也就是说，糯米入粽促使了粽子的商品化，也使粽子成为人们餐桌上的主食。

（二）嘉兴粽子发展史

　　嘉兴有史以来就属中国最富庶的地方，气候宜人、土地肥沃、雨水充沛、物产丰富。特别是在嘉兴桐乡石门罗家角遗址中出土的距今有七千多年历史的稻谷，表明其有别的地区无法比肩的稻作文化。在由许瑶光重辑、吴仰贤总纂的光绪《嘉兴府志》三十三卷"物产"中"糯"一节写道："嘉兴物产，糯有白壳、乌蓑、鸡脚、虾须、蟹爪、香糯、陈糯、芦花糯、羊脂糯、蒲子糯；秀水物产，糯有金钗糯、

《嘉兴府志》封面书影

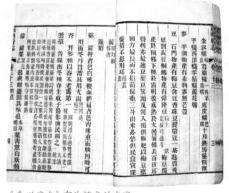

《嘉兴府志》有关糯米的内容

珠子糯、朱砂糯、胭脂糯、佛手糯、龙王糯、西洋糯、麻筋糯、羊脂糯、乌须糯、芝麻糯、榧子糯、赶陈糯、羊须糯、铁梗糯、闪西风香糯、晚糯；嘉善物产，糯有赶陈糯、羊须糯、羊脂糯、蒲子糯、观音糯、蟹爪糯、芦花糯、菊花糯；平湖物产，糯有金钗糯（长粒）、鹅脂糯（一名"羊脂糯"）、虎皮糯（色斑）、十月熟、马鬃糯、榧子糯、西洋糯、羊须糯、芦花糯。"林林总总三十余种。这说明在1871至1908年间，嘉兴已非常注重糯米品种的选育，这就给糯米入粽后口感的提升、质量的改进提供了其他地区不可比拟的优越条件。

在嘉兴粽子的发展史上，兰溪人的入禾（嘉兴简称"禾"）曾起过极大的作用。

　　兰溪人何时开始大批进入嘉兴，现在难以考证，但从《嘉兴商会志》第二章第二节"兰溪会馆"条目可作一个大致的推断："兰溪会馆：俗称兰溪公所，位于东门外春波桥北，占地3亩，规模较大，有戏台一座，台前为广场，其后造屋数十间，为经营蜜枣南货之同业客商筹建。民国元年（1912年）12月9日，革命元勋孙中山莅禾于兰溪会馆，出席嘉兴各界组织的数千人欢迎大会，孙中山作演讲。"另从刊登于民国17年（1928年）出版的《嘉兴新志》上的《嘉兴城市全图》可见，所有在禾会馆、公所中，只有兰溪公所赫然在目。从这些资料可知，所谓兰溪公所，是旅禾兰溪人聚集之地，能容纳数千人的集会，可见其规模之宏大，应是嘉兴最有影响力的旅禾会馆。从民国元年（1912年）兰溪会馆就有此规模来看，兰溪人在清中后期已经大量入禾。

　　早期来禾的兰溪人大都以弹棉花为业，因同时善制

挑担卖粽人

粽，弹棉花淡季时，则将自家裹的粽子用担挑着沿街叫卖，以补家用。因此，兰溪人开的弹棉花店都兼营粽子。其实，兰溪人的这一做法并不是入禾后的作为，在江南一带开弹棉花店的兰溪人都如此。应该说，由于大量兰溪人的入禾，促进了嘉兴粽子业的发展。

如今，粽子已然成为嘉兴的一张名片。

不管走到哪里，只要提起嘉兴，人们马上联想到的肯定是粽子；反之，提起粽子，人们也肯定会联想到嘉兴。粽子俨然成了嘉兴的代名词，嘉兴也成了"粽子之乡"。

其实，粽子是中国的国粹级食品，它存在于华夏大地的各个角落。那么，为什么它偏偏眷顾嘉兴，使嘉兴成了"粽子之乡"呢？

首先，得从发祥于吴越地区的民俗活动——龙舟竞渡说起。

嘉兴是南方水网地带，先民们用整段的树干，将中间凿空，做成独木舟在水上行驶。有时为了追捕水中猎物，有时为了族群间的争斗，有时为了相互间的嬉戏，于是就有了木舟间的追逐，这就是竞渡的渊源。独木舟成了南方水居民族五月庆祝龙神再生祭典的工具。在祭祀时，参与祭祀的古人用独木舟载满以竹筒装或树叶裹的黍米投入水中祭龙，礼仪完毕后又相互追逐作乐。后独木舟演变成龙舟，这种龙舟竞渡活动因在五月为盛，遂成了端午习俗——这恐怕是端午食粽的渊源。

我国著名爱国学者闻一多在《端午节的历史教育》一文中写道：

端午时节抱儿子、带棕子回娘家

　　"古代吴越民族是以龙为图腾的，为表示他们'龙子'的身份，借以巩固本身的被保护权，所以有那断发文身的风俗。一年一度，就在今天（端午节），他们要举行一次盛大的图腾祭，将各种食物装在竹筒，或裹在树叶里，一面往水里扔，献给图腾神吃，一面也自己吃。完了，还在急鼓声中（那时许没有锣）划着那刻画成龙形的独木舟，在水上作竞渡的游戏，给图腾神，也给自己取乐。"

　　　闻一多还列举了一百多条古籍记载及专家考古考证，证明端午的起源是中国古代南方吴越地区举行图腾祭的节日。

　　　嘉兴地处"吴根越角"，是吴越民族的发祥地，故有不少学者

过端午（屠丽辉　摄）

考证后认为，吴根越角的嘉兴人是正宗的"龙的传人"。

　　龙舟竞渡活动至春秋战国时期在华夏大地上盛行。《荆楚岁时记》是这样解释的："按五月五日竞渡，俗为屈原投汨罗日，伤其死所，故命舟楫以拯之……东汉邯郸淳《曹娥碑》云：'五月五日，时迎伍君。逆涛而上，为水所淹。'斯又东吴之俗，事在子胥，不再屈平也。《越地传》云：'起于越王勾践。'不可详矣。"从这段文字可以知道，在春秋战国时期的五月五日，楚、越、吴等三国已经盛行龙舟竞渡之习俗，但竞渡的目的却各有所向，并不统一。尤在吴越地区，竟有了伍子胥说和曹娥说。

　　伍子胥生于公元前559年，卒于公元前484年；屈原约生于公元

传统裹粽

农家烧粽

前340年，卒于公元前278年；曹娥生于公元130年，卒于公元143年。

因此，伍子胥说早于屈原说。

嘉兴是伍子胥曾经生活过的地方，留下了胥塘、胥山、伍子塘、练浦、伍相祠等遗迹，至今人们还举行"神龙祭"、"伍相祭"。

　　作为吴根越角的"龙的传人"，嘉兴人为纪念伍子胥，在龙舟竞渡时表示敬意，制作粽子投入水中，给嘉兴人善制粽、喜食粽增添了砝码。

　　其次，从稻作文化的形成说起。

　　嘉兴是稻作文化的发源地。1979年和1980年对嘉兴市桐乡县罗家角遗址的发掘时，在第三、第四文化层中发现炭化谷粒遗存，可供鉴定的标本有一百五十六粒，其中籼稻一百零一粒、粳稻五十五粒。经科学鉴定是距今七千年的人工栽培籼稻和粳稻，这是世界上最早的稻谷遗存。世界上迄今已发现栽培水稻的最早年限，泰国、印度尼西亚不到六千年，印度四千三百年，日本约三千二百年，都比罗家角的水稻遗存晚。应该说嘉兴是迄今所知我国水稻最早的栽植地之一，也是世界上最早的水稻栽植地之一。

　　璀璨的稻作文化不但为嘉兴的经济发展插上了腾飞的翅膀，也为嘉兴的食文化奠定了坚实的基础。到了明清时期，嘉兴已成为"江东一大都会"、"浙西首藩"，以稻作文化为后盾的"嘉湖细点"更是名扬四海，于是"嘉湖细点"中代表稻作文化的点心——粽子当仁不让地成了嘉兴美食的首选，故有了"嘉兴人踏实放心的一天，就是从一个个热腾腾的肉粽子开始的"一说。

　　再有，从嘉兴人的习俗说起。

　　南宋周密在他记述南宋京城临安（今杭州）风俗人情的《武林

旧事》中，是这样描述江浙一带的端午习俗的："插食盘架，设天师艾虎，意思山子数十座，五色蒲丝百草霜，以大合三层，饰以珠翠葵榴艾花……及作糖霜韵果，糖蜜巧粽，极其精巧……又以青罗做赤口白舌帖子，与艾人并悬门楣，以为袸禳。道宫法院，多送佩带符篆。而市人门首，各设大盆，杂植艾蒲葵花，上挂五色纸钱，排钉果粽。虽贫者亦然。湖中是日游舫亦盛，盖迤逦炎暑，宴游渐稀故也。俗以是日为马本命，凡御厩邸第上乘，悉用五彩为鬃尾之饰，奇鞯宝辔，充满道途，亦可观玩也。"从周密的记述中可以知道，南宋时期的江浙一带，端午已成为十分重要的节日，上自皇亲国戚，下至平民百姓，无不为之操持。习俗不但有佩带符篆、食粽子、划龙舟，还有用五彩饰物来打扮马尾。

清乾隆年间，嘉兴人项映薇所著《古禾杂识》曰："重午日，正午饮菖蒲雄黄酒。是日食角黍，谚云：未吃端午粽，寒衣不可送。又妇女翦蚕茧为花，儿童以雄黄涂面塞耳，或书王字于额。市工之戏，久不作矣。"又曰："寒食节有青团灰粽……立夏节有麦芽团，端午节有端午粽。"从中可知嘉兴人不但端午食粽，清明也是要食粽的。

《古禾杂识》中还记载："南市极短，止通乡傶，无大店铺，仅见鬻糕团小经营，而某家角黍最大，乡下人竞趋之。"这说明嘉兴人平时也是喜食粽子的。

因嘉兴人善制粽、喜食粽，因而民间颇多与粽子有关的谚语：

"五芳斋杯"端午裹粽大赛现场

"不食端午粽，老来没人送"，"未吃端午粽，寒衣不可送"，"吃过端午粽，还要冻三冻"等。

的确，嘉兴人迎来送往、婚丧嫁娶、生子寿辰，都离不开粽子。

正是因为这些历史渊源及习俗传承，粽子成了一种植根于嘉兴人心中、融入嘉兴人血液里的文化。

（三）五芳斋粽子简介

五芳斋粽子是嘉兴粽子的翘楚，也是中国粽子的典范。五芳斋粽子的出现和发展，不仅创立了全新的粽子产业，而且还促进了中华民俗文化的传承。

1921年，嘉兴北门大街近张家弄口的孩儿桥堍出现了一个粽子摊，由于其销售的粽子味美、个大、价廉，深受市民的欢迎，一时名声大噪。由于这个粽子摊的出现，使粽子成了"嘉湖细点"的头牌美食，由此诞生了著名的粽子字号——五芳斋。

人们惊奇地发现，这粽子摊的主人竟是一个十一岁的男孩。

这个男孩叫张锦泉，他生于1910年，1919年，由于父母双亡，跟着叔叔离开家乡——兰溪县女埠镇张家村来嘉兴谋生。为了生存，叔叔包一些粽子由张锦泉沿街叫卖。自摆了粽子摊后，张锦泉开始潜心钻研粽子技艺。他沿用自家祖传的兰溪粽子的配方，将火腿、鲜猪肉入粽，一举打破了嘉兴只有白水粽、豆瓣粽、红枣粽、红豆粽、碱水粽的旧制。尤其是张锦泉创造性地将火腿片与猪肉片相夹着裹进粽子，不但改善了火腿干硬的特质，还提升了肉粽的鲜美度，赢得了嘉兴食客的好评，一时间声誉鹊起，从此就有了"金华火腿兰溪出，嘉兴粽子兰溪式"的典故。

后来，有一个经营南货的兰溪人汪老板时常光顾粽子摊，张锦泉与他熟络起来，两人成了无话不说的忘年交。

1928年初春，有人出售张家

五芳斋创始人张锦泉

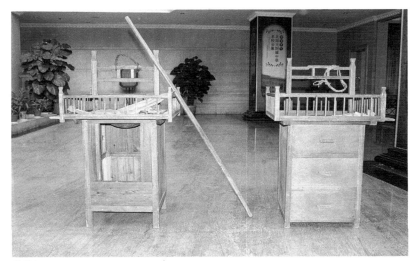

粽子担

丽桥旧影,从前常有人挑粽子在这里卖

张家弄旧影

20世纪20年代的东门大洋桥，五芳斋从这里取水煮粽

弄一店面。该店面位置极佳，处于近北大街的张家弄下阶檐东口，上下两层，一楼沿街，是典型的江南民居建筑形式，门板一卸，整个一楼就一览无余地展现在路人眼前。汪老板知道了，出面将店面买了下来，然后租给张锦泉，从此，张锦泉的粽子店在"嘉湖细点"荟萃的张家弄生根、开花、结果。

1932年，汪老板将自己十八岁的女儿吴莺（随娘姓）许配给张锦泉，那粽子店也成了女儿的嫁妆。

婚后是张锦泉最春风得意之时。

他将做肉粽时剔下的猪骨头熬成汤，加上蛋丝、葱花，创造了骨头蛋丝汤，佐以食粽的吃法，延伸了食粽的情趣，使粽子店生意更加兴旺。

他将酿酒时用以蒸米的塘锅改成煮粽锅,使煮粽能力大增。

为了增加销量,他让人拿粽子到火车站叫卖,大受南来北往旅客的欢迎。从此,粽子成了嘉兴著名的土特产,张锦泉的粽子店也有了"粽子大王"的美誉。

为了使顾客携带方便,他还创造了一种叫"簧篮爿"的粽子专用包装。这种包装非常简单,却构思巧妙:两片用竹篾编的直径六寸的镂孔圆片,将十只粽子上下盖住,用细草绳扎一个十字扎,就能提在手上。从此,这一包装成了嘉兴粽子特有的包装。

木制塘锅

1940年的嘉兴火车站

　　张锦泉的妻子是一个念过书的人，很有见地，嫁给张锦泉后更是夫唱妇随，专心致志地帮助张锦泉打理粽子店的事。见自家店的粽子成了风靡沪杭一带的名点，她就鼓励张锦泉将粽子制作技艺整理记录下来。于是张锦泉口述、其妻记录的粽子配方几经修正后就诞生了。由于洋洋洒洒有些篇幅，竟成了一册小书。张妻还依照古代此类书籍的惯例，取名《粽技要秘》。

　　听有幸读过此书的老一辈五芳斋人讲，张锦泉的妻子是个很有才情的人。从书目来看，分选料篇、料工篇、包工篇、火工篇等，将粽子从选料到成品的过程总结得头头是道，明明白白。

　　有了这本《粽技要秘》，张锦泉粽子店的生意更是如虎添翼。

在张锦泉的店里，做粽子从此有章可循。凡是来店里当伙计的，张锦泉总是按《粽技要秘》来调教他们。

抗日战争爆发后，张锦泉遭受了重大变故：妻子被日本人杀害，店铺被当汉奸的小舅子抵押。

正当走投无路时，朋友朱庆堂、冯昌年伸出援手，由张锦泉经营，朱庆堂出资，冯昌年提供店面，三人合股开设了一家粽子店。设定共计五股，其中张锦泉两股、朱庆堂两股、冯昌年一股。取字号为"五芳斋"：店分五股为"五"也，粽子软糯香浓为"芳"也，而"斋"则指高雅的饭堂。从此，"五芳斋"成了嘉兴粽子的象征、"粽子大王"的代名词。

过了一年，因冯昌年有抽大烟的陋习，时常从账上支钱，导致三人分开。

此时正好张锦泉原先开粽子店的店面空了出来，于是他将店铺买了回来，回原址开五芳斋粽子店，生意红火。

见粽子店生意好，一年后，冯昌年、朱庆堂先后在张锦泉粽子店的对面和隔壁开设了粽子店，也取名"五芳斋"。

从此，三家五芳斋粽子店成了张家弄里一道独特的景观。

1943年，郭士荣见张锦泉的粽子店生意兴隆，采用巧取豪夺的办法将他的店抢到手。为了有所区别，他在自家的店招前加了"荣记"二字，之后，朱庆堂的加上了"庆记"，冯昌年的加上了"昌记"。

自此，三家五芳斋的商业竞争进入白热化阶段。

郭士荣认为自家店才是正宗，于是又在"荣记"前加了"真真顶顶老店"，成了"真真顶顶老店荣记五芳斋"，紧跟着朱庆堂那家店成了"老老真庆记五芳斋"，冯昌年的店成了"真真老老昌记五芳斋"。

正是由于这种竞争，促使各家粽子在选料上日益考究，配方上臻于完善，口味上越趋精美。

五芳斋粽子终成气候。

二、五芳斋粽子的制作技艺

所谓五芳斋粽子制作技艺，是五芳斋人通过近百年几代前辈的努力总结出的一套粽子生产工艺流程及技术要求。它充分体现了『五芳斋』牌粽子独特的色、香、味、形，使粽子这一中华古老食品永葆青春，成为全球华人乡愁的焦点，增强中华民族凝聚力的热点。

二、五芳斋粽子的制作技艺

所谓五芳斋粽子制作技艺，是五芳斋人通过近百年几代前辈的努力总结出的一套粽子生产工艺流程及技术要求。它充分体现了"五芳斋"牌粽子独特的色、香、味、形，使粽子这一中华古老食品永葆青春，成为全球华人乡愁的焦点，增强中华民族凝聚力的热点。

[壹]五芳斋粽子的种类

五芳斋粽子分为纯米粽、混合粽、馅料粽三大类。

纯米粽，又称"白水粽"，以清一色糯米包裹的粽子，味淡，通常食时用红糖浆浇在剥了箬叶的粽上。

在其项下有：

白米粽：用纯糯米

五芳斋粽子及盛具

裹成，这是白水粽的基本形态。煮熟的白米粽，剥去箬叶后，清香弥漫，粽色晶莹剔透，米粒密实，有黏性。

黑米粽：用江南特有的鸭血糯米包裹的粽子。煮熟的黑米粽，剥去箬叶后，粽色黑红，软糯适口，比白糯米更有嚼劲。

灰汤粽：白水粽用稻木炭水煮之，亦可在水中加碱或石炭煮之。煮熟的灰汤粽，剥去箬叶后，碱香扑鼻，粽色微黄。此粽明代时大行其道，现已不多见，江南一带民间尚有人少量制作。

混合粽，将糯米与其他辅料混合包裹，味淡，通常食时蘸白糖，或以红糖浆浇之。

烧煮粽子

在其项下有：

赤豆粽：将糯米与赤豆混合包裹，剥去箬叶后，就像红宝石镶嵌在白糯米上，赏心悦目，箬香、赤豆香、米香兼而有之。

绿豆粽：将糯米与绿豆混合包裹，剥去箬叶后，就像绿宝石镶嵌在白糯米上，赏心悦目，箬香、绿豆香、米香兼而有之。

蜜枣粽：将糯米与去核的蜜枣混合包裹，剥去箬叶后，就像玛瑙镶嵌在白糯米上，赏心悦目，入口就会有甜蜜在颊齿间弥漫。

红枣粽：将糯米与去核的红枣混合包裹，剥去箬叶后，枣香扑鼻。

馅料粽，即将馅心裹入糯米，是五芳斋粽子的精华所在，分甜馅粽与咸馅粽。

甜馅粽：粽中包入带有甜味的馅心，味甜。煮熟的甜馅粽，透过晶莹剔透的糯米隐约可见深色的馅心。

在其项下有：

豆沙粽：将赤豆制成豆沙，拌入白糖与猪油，放入糯米中包裹。这是甜馅粽的代表品种，细腻软滑，香甜可口。

咸馅粽：粽中包入带有咸味的馅心，带有咸鲜味。

入粽的食材较多，在其项下常见的有：

鲜肉粽：将新鲜猪腿肉肥瘦相搭做馅，放入糯米中包裹，这是咸馅粽的代表品种，鲜香软糯，肥而不腻，是五芳斋经久不衰的当家产品。

火腿粽：以金华火腿入粽，是粽中精品。据说清时就有，但因火腿较干硬，入粽后口感不佳，后经五芳斋创始人张锦泉的改进，口感上乘。此粽入口，有一股火腿的鲜香冲击着人们的味蕾。

鸡肉粽：将新鲜公鸡肉去骨入粽，亦是五芳斋首创。它以鸡肉鲜美、有营养为卖点，民国36年（1947年）在五芳斋的广告中就有它的身影。

蛋黄粽：改革开放后五芳斋的创新品种，它是蛋黄与鲜猪肉相结合的粽品，是鲜肉粽的延伸，鲜香酥松，给鲜肉粽赋予了新的口感，是五芳斋的当家粽品。

栗子粽：改革开放后五芳斋的创新品种，它是栗子与鲜猪肉相结合的粽品，是鲜肉粽的延伸，鲜香软糯，给鲜肉粽赋予了新的口感，也是五芳斋的当家粽品。

牛肉粽：改革开放后五芳斋的创新品种，是以牛肉为馅的粽品，迎合了人们多样化的口味需求。

20世纪80年代是五芳斋粽品创新的高峰时期，还开发了香菇粽、海鳗粽、干贝粽、八宝粽等。

此外，为了迎合现代人的需求，对粽子的大小也进行了改进，将粽子的克数改小，开发了宴会粽、迷你粽等。

[贰]五芳斋粽子的制作技艺

（一）工艺流程

五芳斋粽子的制作技艺属传统手工技艺，豆沙粽、鲜肉粽是其最具代表性的粽品，制作技艺堪称一绝。现将其工艺流程介绍如下。

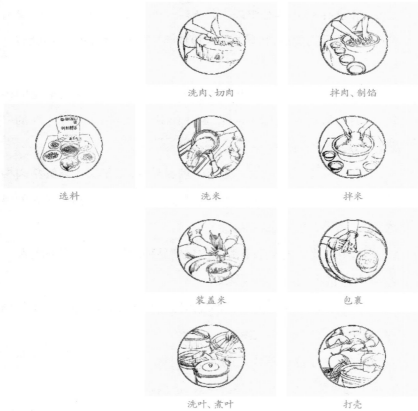

洗肉、切肉　　　　　　　拌肉、制馅

选料　　　　　　洗米　　　　　　拌米

装盖米　　　　　　　　包裹

洗叶、煮叶　　　　　　　打壳

鲜肉粽工艺流程

豆沙粽工艺流程：

选料 { ─洗赤豆─煮豆─制沙─拌沙┐
　　　 ─洗米─拌米─浸米─装底米─投馅─装盖米─包裹─扎线─烧煮─出锅
　　　 ─洗叶─打壳┘

鲜肉粽工艺流程：

选料 { ─洗肉─分割─拌肉┐
　　　 ─洗米─拌米─浸米─装底米─投馅─装盖米─包裹─扎线─烧煮─出锅
　　　 ─洗叶─打壳┘

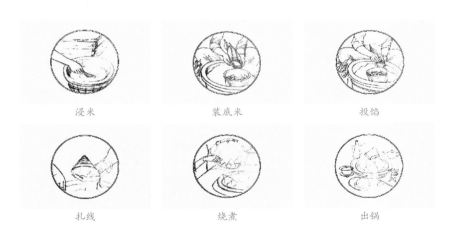

浸米　　　　　　　　装底米　　　　　　　　投馅

扎线　　　　　　　　烧煮　　　　　　　　出锅

（二）工艺要求

1. 原材料的选择。

糯米：以珠圆玉润，色泽粉白者为佳。有新糯与陈糯的区别，所谓陈糯是相对于新糯而言，但一年以上的陈糯不可入粽。对新糯、陈糯的判别可用目测。新糯：米粒的侧边有一条细小的白线围绕，此种糯米水分较高；陈糯：米粒上的那条细小白线已蔓延至整粒，全粒米均显白色，此种糯米因已存放一段时间，水分较低。在购进糯米时，不可将新糯、陈糯混在一起，由于其所含水分不同，烧煮时间也不同。

另外，糯米尽可能随轧随用。因米在谷中是活的，所以新轧之

南门东米棚下（老照片）

碾米厂（老照片）

运粮码头（老照片）

米尚有活性,称之为"活米";而脱谷二十天后的米已无活性可言,则谓之"米尸",口感差。

鲜猪肉:选本地当日宰杀的骟猪,不可用公猪、母猪或死猪之肉。猪肉应选猪后腿之雌片,因雌片的后腿比雄片少一根腿骨,出肉量多。另,所用肥膘,应选取脊膘。

猪油:要求新鲜,所以只选本地当天宰杀的骟猪之板油。

鸡肉:要求新鲜,所以只选本地一年以上大公鸡(两年左右种鸡更佳)。因为公鸡肉质鲜美,其香无比。当天宰杀,取鸡胸及大腿之肉。

火腿:选上好金华火腿,要求肉质红润,无黄膘。

五芳斋江西箬叶基地

赤豆：只选大红袍。此品种的赤豆皮薄、沙绵，出沙率高。

莲子：选湘莲，肉粒大而饱满，烧之易酥。

瓜仁：西瓜仁最佳。

松仁：清白、粒饱满者为佳。

核桃仁：清白者为佳。

红瓜、绿瓜：色泽自然为佳。

红枣：东北大红枣，要求核小、干糯、无黑色者。

箬叶：本省山区也有，但不及安徽产。以大伏天收采的为最佳，因此时的箬叶正当值，曰"伏叶"。过早叶小而薄，箬叶香气尚不饱满；过晚，谓之"秋叶"，叶老，茎粗叶脆，香气散，均不宜包粽。另，箬叶以四指宽、一尺二寸长为最佳。

苏草：金华出产的为好，以五尺长为准，以干者为佳。

酱油：选红酱油，红润，香气足，且咸淡适宜。因酱油易发霉，以选本地的为好，并量出为进，不放库存。

酒：无论猪肉、鸡肉均应

箬叶

加酒拌之。用50度以上、香味十足的白酒。

白砂糖：颗粒要细，质地要白，以广货为佳。

盐：颗粒要细，色白，无杂质。

味精：选用纯度99%的味精。

水：煮粽之水，为制粽之要，不可小觑。水好则粽香，水差则粽毁，故水必采自大河之活水，不得有杂质、异味，甘者为佳。

2. 料工。

料工为制粽前的原料准备，是制粽的前道，乃制粽之基础。原料的处理事关粽子质量，料工精湛才能立粽子的牌子。

糯米：放淘箩内用清水漂洗，剔除谷壳、细石等杂质，清涤残留之米糠粉尘。一次不得超过三十斤，动作要快，时间要短，五分钟内必滤尽积水。漂洗好的米随即拌味入粽，切不可长时间在清水中浸米，米吃饱了水，酱油很难入米。另，漂洗过的米不可长时间存放，否则在烧煮过程中米粒会糊化，没有糯性，没有嚼口。

切记，在制作咸粽子时，糯米中要拌

竹箩

入酱油、食盐、白砂糖、味精等，须多加搅拌，使加入之料均匀渗透，颜色一致。

鲜猪肉或鸡肉：先用刀剔骨及去黄膘。按肉纹，横刀切成长二寸、宽一寸、厚半寸的长方肉块，要求肥瘦对半（对猪肉而言）。然后，每十斤鲜猪肉或鸡肉放白糖一两、食盐一两二钱、味精一两一钱、白酒一两一钱，用手反复搓揉，至鲜猪肉或鸡肉表面起细小白沫方可。

火腿：先用刀剔骨及去膘，除尽火腿表面之陈积。按肉纹，横刀切成长二寸、宽一寸、厚二分的薄片，每片五钱，每只粽子两片。

猪油：猪板油撕去表面之膜，洗净，切成半寸见方油丁，腌在白砂糖中待用。

豆沙：赤豆先用水漂洗，剔除杂质，加水没顶，浸泡至赤豆涨大，上锅加水烧煮至酥烂，用笊篱捞出浮在水面之豆衣，以一斤赤豆加一斤一两白砂糖的比例加白砂糖，用锅铲反复翻炒，直到成沙。这时要求不见豆衣，白砂糖与豆沙充分混合。一般出沙量每斤赤豆为二斤七两。

莲子：剥衣、出芯，洗净待用。

瓜仁：去杂质，剔除霉仁，清洗后待用。

松仁：去杂质，剔除霉仁，清洗后待用。

核桃仁：去桃夹，剔除霉仁，清洗后待用。

红瓜、绿瓜：切成细丝待用。

箬叶：用清水浸泡，以箬叶吃足水分、叶子变软为准，后清洗干净，滤干水分，挑出残次品待用。

苏草：用清水浸泡，清洗干净，挑出残次品，滤干水分待用。现改用棉线。

料工为粽子的精华所在，粽子的味道由此而生。

3. 包工。

五芳斋粽子形态别致，如将一长方形其中两角扭了个向，浑然一变异的四方形，个体敦实，卖相丰满。此乃区别于其他粽的最具本粽特点的粽形。取粽叶两张，首尾一顺相叠，阳面作里（阳面者即粽叶之受阳光之面，它的背面谓之阴里。阳面因受日照长，故叶面较光滑，不粘米粒，粽熟后易于剥开）；从三分之一处折成锥形（即留一头粽叶），加一半糯米，中添馅料，再加另一半糯米将馅料覆盖；把粽叶留出部分折向粽体，包裹粽体，后用苏草在粽腰处正绕六圈、反绕五圈半扎紧，将苏草首尾的余部相扭，塞入扎紧的苏草中。

在包粽中时，还必须注意：

其一，包好的粽子，粽子的其中一只角应留少许空隙，以摇起来有沙沙的响声为准。此是为了在烧煮时让糯米充分吃水，有膨胀的余地，以杜绝糯米因吃水不足而夹生。此仅对豆沙粽而言，肉粽无此要求。

其二，豆沙粽在放第二把米时应将豆沙露出一点，这样的熟粽子剥出来后非常好看，可增食者之欲。

其三，火腿粽在放火腿片时，应在两片火腿中夹一片同样大小的鲜肥猪肉。原因是，因是腌制品的关系，火腿肉较硬，夹一片鲜肥猪肉可改善口感。

其四，鲜肉粽或鸡肉粽、火腿粽在放第二把米时，应用糯米将肉全部覆盖住。此是为防粽子在烧煮时油脂析出。油脂附在粽叶上，品相不佳，且易引起粽子霉变，使熟粽不能久储。

其五，八宝粽的莲仁、瓜仁、松仁、核桃仁、红枣、红瓜、绿瓜应用手指用力按进豆沙后捏成团状，再入粽。

其六，为了便于识别粽子的品种，在包粽时，叶尾留长的为豆沙粽，叶尖留长的为鲜肉粽子，剪叶尾者为八宝粽，剪叶尖者为火腿粽，留一尖一尾者为鸡肉粽。

其七，苏草扎粽，此乃一技。因苏草韧劲有限，扎时用力不当，或苏草折断，或太松而导致叶米散也。此技不可言传，只能靠在包粽时的个人感悟。

4. 火工。

烧煮粽子为粽子的后道关口，成功与否，就此揭晓。

用三尺塘锅，注水，放入生粽。要求入粽后水应将粽子浸没。锅盖要用一寸厚的杉木为之，杉木的拼接要密实无缝，以防在烧煮时水汽蒸发过多。水少时要及时注水，防止烧干，使粽香受损。

花篮灶

　　烧火之柴，以果木为佳，桑木次之。谨防以松木为柴，因松木之松油气味甚重，易与锅内粽子串味。

　　在烧煮时，切记：肉粽，水烧开后下锅；甜粽，冷水下锅。

　　粽子入锅后，先应以猛火将水烧沸，后改中火焖煮。用新糯米制的粽子烧煮时间为四个时辰（一个时辰相当于现在的两小时），而用陈糯米制的粽子烧煮时间为四个半时辰。因新糯米含水量高，易煮烂；陈糯米含水量低，不易煮烂。

　　5. 保存。

　　粽子煮好，即可上柜出售，但难免有存放周转的过程，此时应注意粽子的存放方法，尤其是外卖的粽子，一定要冷透方可出售。

放粽子的竹丝淘箩在每次放粽前须用水清洗，晾干待用。切不可把盛有粽子的竹丝淘箩相叠加，这样不易散热，且会使垫在底下的粽子变形，淘箩底部与粽子相接触也不卫生。

粽子的存放，夏日不得超过三天，冬日不得超过七天。霉变之粽，应弃之。

6. 器具。

粽子器具分为两类，即制粽器具与食粽器具，也可谓之"工具"与"食具"。

（1）工具。

竹丝淘箩：直径一尺五寸，高一尺，用竹青劈丝编就。要求编织密实，作淘米之用。

大水缸：直径三尺以上，注水后淘米用。另备大水缸数只，作储水之用，便于制粽时用水。

粉缸：又称"撇缸"，与水缸同质。口大沿低，缸底内缩。一

木桶挑担

般直径二尺，高七寸，拌肉馅用。用时置于矮几上，以便于操作。

木桶：以杉木为佳，尺寸与粉缸同。拌肉用，置于矮几上，以便于操作；拌米用，同样置于矮几之上。

作台板：一丈长，三尺宽，二尺高，杉木制成。此有二用；上置砧板切肉用；上置菱桶包粽用。

木盆

菱桶：为南湖采菱之工具，杉木制。因其为椭圆形，盛米包粽最为方便。亦可作洗粽叶之用。

砧板：直径一尺五寸，厚五寸，切肉用。

灶头：自砌柴灶，由烟囱、灶膛、灶口组成，灶膛上口应与塘锅直径一致。

塘锅：烧粽子的器具，下半部为无沿直口铸铁锅，直径三尺、深

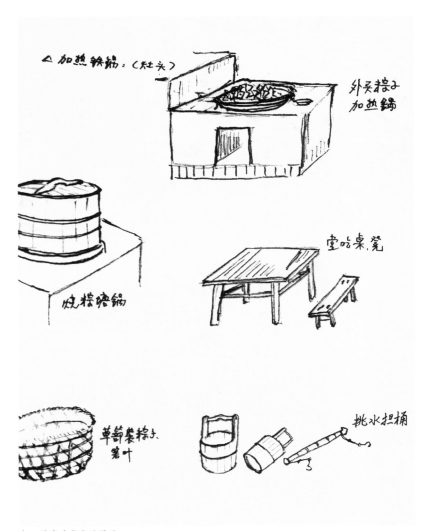

△加热铁锅：（灶头）

外买接刀
加热锅

烧粽水锅

堂吃桌凳

草篰装粽头、箬叶

挑水担桶

老五芳斋店堂内的器具

五芳斋老店堂

当年五芳斋门口人们排队购买粽子的场景

一尺；上半部为杉木桶，有一尺高。木桶下口将铁锅的上口紧紧包住，木桶上加铁箍，使之坚固，不渗水渗气。上有杉木盖，大小与塘锅口同，一寸厚。

铁锅：直径三尺，炒豆沙用。

此外，还要配以杆秤，称量用；菜刀，分厚背刀、柳叶刀，切肉用；长柄锅铲，炒豆沙用；脸盆，配料用。

（2）食具。

盆子：堂吃餐具，理应讲究。以五寸白色细瓷为佳，因其最能体现粽子之色。

筷子：选用深棕色，分量要重，有庄重之感。

簧篮片：极具江南特色的包装物，由竹篾编成的两个圆片组成，粽子装在中间，两片一合，用绳扎牢即可，方便携带。

三、五芳斋粽子的传承与保护

老字号文化和粽子文化的完美结合，散发着独特的魅力。数十年来，五芳斋粽子正是作为一种中华民族文化的载体，担任着『对外交流的使者』，向全国乃至世界弘扬中国传统文化。

三、五芳斋粽子的传承与保护

[壹]五芳斋粽子的传承谱系

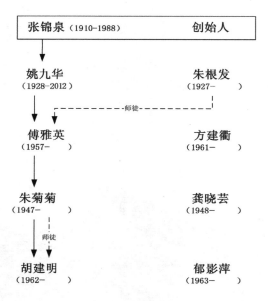

附：

传承人姚九华

（一）

姚九华，1928
年11月14日生于兰
溪潭荡坞村一个
贫农家庭。因父母
生了九个子女，姚
九华排行老九，故
取名九华。

1948年，年仅
二十岁的姚九华因

姚九华

家中贫穷难以度日，决定到嘉兴找从事弹棉花生意的二哥谋生。

初到嘉兴，姚九华看到的是林立的酒肆茶楼、名店华铺。在他
的眼里，这里恍若天堂。他暗下决心，一定要好好干活，混出个模样
来。很快，二哥给他找好了工作，这是一家开在坛弄口的弹棉花店，
老板也是兰溪人，言明从学徒做起，开始没有工钿，管吃饭，晚上睡
在店里弹棉花的作台板上，只要工作好，以后一切好说。

吃饭和睡觉的地方有了着落，姚九华别提多高兴了。而弹棉花
又是他自幼学过的，因此工作起来得心应手。空闲的时候，姚九华就

仔细观察老板是如何做生意的,悉心揣摩老板的待人接物之道。

由于物价飞涨,老百姓手中大都没钱,谁还有闲钱购置棉被?该翻新的棉被也大都将就着盖,因此,弹棉花的生意一日不如一日,东家的饭菜也越来越差。但对姚九华来说,这些都能忍。比起老家,还是好了许多。

然而,不多时日,老板因病去世,弹棉花店只得关门。

姚九华又回到了二哥的身边。可是二哥的日子也不好过,他和大多数弹棉花的兰溪人一样,做的是走街串巷、居无定所的弹棉花生意。自己的温饱尚有问题,怎么可能把一个二十岁的弟弟带在身边呢!姚九华何尝不知道二哥的苦衷,可对一个初来嘉兴闯世界的年轻人来说,他自己又能有什么作为呢?

由于嘉兴是富庶之地,本地人是不屑于做弹棉花这一行当的,因此弹棉花多为兰溪人把持,逐渐形成了一个以兰溪人为主的行业圈,他们互通消息,相互照顾,"兰溪人帮兰溪人"。

说来也巧,一个弹棉花的兰溪人见姚九华老是跟在二哥的身后,无所事事,无意中说了句:"昨天张家弄荣记五芳斋的一个伙计跟我说起,他们店里走了个伙计,生意忙不过来,老板郭麻子正想找一个小伙计,何不去试试?"正愁没工作的姚九华一听有活干,马上表示愿意去干。

这位叫杨建方的老乡本是个热心肠,在兰溪同乡会中也是一个说得上话的人，二话没说，就带姚九华去了张家弄，找那位荣记五芳斋的伙计。

说来也是天意，那天粽子店的老板郭麻子正坐在店堂内为找人的事心烦。这几天虽然来了几个应聘的人，但不是年纪太大，就是木头木脑，一个也不中意。已经是上午十点多了，店堂内正是生意兴旺的时候，几个伙计有的招呼顾客，有的给顾客剥粽子，有的收拾碗筷，忙得不亦乐乎，连烧中午饭的人手都腾不出来。而楼上两个尚在幼年的儿子又不时大呼小叫，更是增添了郭麻子心头的烦恼。

忽见有人带来一个小伙应聘，一眼看去，这小伙个头虽不高，但眼神中透着几分机灵，身体虽不壮硕，但行动上显示出几分精干，郭麻子于是问道："哪里人啊？叫什么名字？几岁了？"

姚九华道："兰溪人，叫姚九华，二十岁。"

姚九华口齿清楚，反应敏捷，郭麻子自是有了几分喜欢。见是兰溪来的，更是满意。因为自打从张锦泉手里强占了粽子店后，他一直标榜自己的粽子技艺源自兰溪，因此对找伙计一事很是挑剔，非找兰溪人不可。可毕竟兰溪、嘉兴相隔三百多公里，要招个兰溪伙计也不是易事。

新来的小伙计，按规矩，自是从烧饭、洗涮、看孩子做起，管吃管住，没有工钿。

就这样，姚九华成了荣记五芳斋的一员。早晨天不亮起来点火烧粽子。白天给伙计们烧饭，帮老板娘管两个年幼的小孩。晚上，粽子店打烊后，负责将店堂打扫干净。

虽说是管吃管住，住的条件仍与坛弄口弹棉花店一样，睡在郭麻子开在张家弄对面北门大街上的弹棉花店的作台板上。这对姚九华来说，已是一个很不错的归宿。

郭士荣当时是嘉兴县保安大队少校队长，职务在身，工作繁忙，店里除了难以解决的大事由他出面外，店内外的一干事宜都是由他的老婆夏文英打理，因此姚九华接触最多的当然是老板娘。

姚九华初入"荣记"，因是从学徒做起，每日的工作除了照顾郭士荣夫妇的两个幼儿，还要给店里的伙计们烧饭，而最辛苦的则是天不亮起床生火煮粽子。从暖和的棉花胎中爬起来，一身单衣单裤，在刺骨的西北风中，从弹棉花店哆哆嗦嗦地去粽子店，真让他视若畏途。

姚九华想出了一个御寒的办法，那就是将弹棉花时从棉胎上扯下的废弃的胎网在身上一圈圈地围了个严实，再在外面罩上单衣，身体顿时暖和了许多。

从此，姚九华与五芳斋粽子结下了不解之缘。

（二）

"欺生"是存在于中国各个社会阶层的恶俗，往往自己曾深受其害，而当有了根基后又会去欺负新进者。

有一次，姚九华在烧饭时，楼上的两个小孩打了起来，大哭小嚷，这是生意上很忌讳的事。这天郭士荣夫妇正好不在，姚九华自然不敢怠慢，放下手中的活，赶紧上楼去哄小孩。

等姚九华平息楼上的事端赶下楼来，饭已烧成了夹生饭。店里的伙计本来就有欺生的恶习，况且一个没有背景的新人，他们是不会放过的。

于是，有人起哄道："我们辛苦了一个上午，怎么给我们吃夹生饭呢？"

有人夸张地嚷嚷："我可从来不吃夹生饭的。"

姚九华欲重新淘米做饭，又有人不干了："待一会客人可马上就要进店了，再重新做饭来得及吗？饿肚子干活我可吃不消。"

不知谁提议："我们何不开一次洋荤，到隔壁国际饮食店吃面去？听说长根师傅的鳝丝面可是呱呱叫的。"

于是，四五个伙计哄闹着去了隔壁，不一会儿，伙计们一边用牙签剔着牙，一边咂着嘴回来了，有几个还直喊："好吃！好吃！长根师傅的鳝丝面可真是名不虚传啊！"还有意挤眉弄眼地对姚九华说："小子，托福了，托福了。"

这时，姚九华才知道，这些伙计可不是自掏腰包，而是将账记在老板名下，钱是要等老板来支付的。

心地单纯的姚九华早已饥肠辘辘，见师兄们可以赊账吃面，以为是店里的既有规矩，于是也去吃了一碗面，因为初赊账，不敢造次，只要了碗几分钱的阳春面。

第二天，长根师傅的老婆拿了账单来荣记五芳斋找夏文英结账。

郭士荣夫妇前一天很晚才回到店里，并不知道白天发生的事情。

夏文英接过长根师傅老婆的账单，见是面钱，有点丈二和尚摸不着头脑，闷声闷气地说："老娘昨日一天不在店里，何来欠你面钱？"

长根老婆五短身材，一脸横肉，在张家弄里也不是省油的灯，见夏文英有赖账的意思，一股火气腾地从胸中升起。于是，将一只粗壮的手叉在水桶一样的腰上，另一只手指着夏文英嚷道："哟，自家的伙计在面店吃了面，你竟装聋作哑地喊不知道，想吃白食呀，你也不撒泡尿当镜子，照一照是否有这个能耐。"

这荣记五芳斋在张家弄也算是家有名气的店，而郭士荣夫妇在这地面上也是有头有脸的人物，长根老婆的一番话，夏文英自然是受不了的，一场全武行立马开演。

最终因证据确凿，夏文英自知无理，只得将面钱付了。

因店里的一干伙计都参与了此事，夏文英当然不敢触犯众怒。可究其原委，事情是由姚九华烧夹生饭引起的，遂将外面所受之气一股脑儿发在了姚九华身上，就动了辞退姚九华的念头。一听夏文英要辞退自己，姚九华的心一下子像坠入了冰窟。

还好，介绍人杨建方在嘉兴的兰溪人中是比较有威信的，他的话在兰溪同乡会中还是很起作用的。经说合，以姚九华弹十五斤旧棉絮抵面钱了却了此事。

古人云："祸兮福之所倚，福兮祸之所伏。"想不到这次的事情一下子拉近了姚九华与师兄们的关系，也使他对以后的工作有了清楚的认识：必须加快对粽子技艺的学习和掌握。因为只有这样，荣记五芳斋才有自己的立足之地。

从此，姚九华工作得更勤快了。自己的活干好后，整理粽箬没有人，他干；拌肉、切肉来不及，他顶；包粽子缺少人手，他上。而且嘴也更甜了，对年长的师兄，他一口一个"师傅"，不懂的事，就打破砂锅问到底。

众师兄见姚九华乖巧勤快，慢慢地不再排斥他，也很乐意教这个小师弟。有时姚九华做不好，还手把手地教。他们还暗地里告诉姚九华：我们教你的都是皮毛，以前的老板张锦泉手里有一本关于粽子的秘笈，看了它才叫长见识呢。

张锦泉虽然分不到股金，但名义上仍是荣记五芳斋的股东，有空时也会来店里坐坐，郭士荣夫妇自是十分客气。

勤学好问的姚九华这时就会缠着张锦泉讨教粽子技艺。见姚九华勤奋好学的韧劲儿，张锦泉也总断断续续讲一些粽子制作技艺给他听。

经过一段时间的刻苦学习和细心揣摩，姚九华已大致掌握了粽子制作技艺，一个全新的姚九华就这样成长起来了。

（三）

在这期间，姚九华通过自己的实践，对粽子技艺进行了认真的梳理。

在粽子的制作上，他总结出：

包豆沙粽时，在盖最后一把糯米时，必须留有余地，让豆沙馅露出一点，这样的粽子烧好后，剥出来，放在白色的瓷盘中才好看，会使人觉得馅料饱满，引起食客的食欲，他把这称为"露沙"。而包肉粽时，却要用糯米将肉全部盖住，不能露肉，因为露肉的粽子油脂

又闻粽飘香

会通过箬叶大量外渗，导致粽箬非常油腻，影响外观，而且粽子的存放期将会很短。在包火腿粽时，火腿要切得薄薄的，中间要夹一片带油的鲜猪腿肉，这样的火腿粽口感才好，被他称为"增味"。而在包肉粽时，米、肉要分开调味，其中米用酱油拌，肉要加盐后用手搓至起泡沫。箬叶是有阴阳面的，所谓阳面就是箬叶在生长时向阳的一面，比阴面光滑，在包粽子时应以这一面与糯米接触，这样熟后的粽子在剥箬时糯米不会粘在箬叶上。在裹粽时，米与箬叶间要留有一只角的空隙，这样烧煮出来的粽子才能充分吸水，不会产生夹生米。糯米有"花旗"、"统变"之分，所谓"花旗"，糯米粒侧边有一圈细细的白线，是新糯米的标志，米的含水量大，在烧煮以这种糯米包的粽子时，时间要短一些，这样烧出来的粽子不会很烂；而"统变"指糯米粒的侧边没有细细的白线，这说明糯米是陈的，含水量大大降低，在烧煮以这种糯米包的粽子时，时间就要延长半小时，这样烧出来的粽子才不会夹生，软硬适中。

在原材料的选购上，姚九华也总结出一套卓有成效的土办法：

收购箬叶是一项很复杂的工作。因为箬叶的品质不但影响粽子的外观，而且影响到粽子的香糯与否。箬叶有秋箬和伏箬之分：秋箬老，叶厚茎粗，弹性差，箬香不足，而伏箬正处箬叶的生长期，叶薄茎细，韧性好，箬香十足。箬叶还有陈箬、新箬的区别：陈箬色黄，无箬香，而新箬色泽油光清亮，箬香扑鼻。此外，箬叶的中茎

粗细也是有讲究的，中茎是箬叶中间的那根长茎，用中茎细的箬叶包出的粽子形态佳，而用中茎粗的箬叶包出的粽子就不好看，而且容易破损。通过摸索，姚九华自立了一套验收箬叶的办法：一看二摸三计量。"看"，箬叶拿上来，首先要观色，以呈青色的为好，黄叶是不能用的；"摸"，用手感觉箬叶的软硬、中茎的粗细，以此区分秋箬和伏箬；"计量"，秋箬一般已过生长期，箬老叶重，一斤有一百二十张叶片，伏箬色青叶轻，一斤有一百六十张叶片，而且箬叶中间的宽度应是四指并排的宽度。能通过"一看二摸三计量"的箬叶，才是箬叶中的上品。

糯米是粽子店最大宗的原材料，有些米商为了追求利润，往往在糯米中混入少量的粳米，拌匀后卖给粽子店，这种米做出来的粽子在口感上比全糯米逊色不少。因混入糯米中的粳米比例不大，购米时很难察觉，这一直是粽子店头痛的事，可一时也没有什么好的办法来解决。

一次，姚九华的手被刀具划了一个不小的口子，为了给伤口消炎，他用棉签蘸碘酒往伤口上涂，不小心几滴碘酒正好滴在桌子上的一小撮糯米上。这时，一个奇怪的现象出现在他的眼前：有几粒米在碘酒的作用下变成了紫红色。这引起了姚九华的好奇，为什么大部分米粒没有变色，而仅仅这几粒变色了呢？他拿起了变色的米粒仔细研究起来，发现了问题的所在，原来变色的米竟然都是粳米！于是，他数了六十粒糯米、四十粒粳米，把它们混在一起，滴上几滴碘酒拌一下，四十粒粳米马上全部变色，而六十粒糯米依旧未改色，又试了几次，竟然屡试不爽。于是，姚九华开始用他的这一发现来验收糯米。

有几个惯于将粳米混入糯米的米商不干了。

有好事的米商以一桌酒宴与姚九华赌输赢，姚九华胸有成竹，当然应了。

姚九华与米商赌输赢的事一下子在张家弄传开了，人们纷纷过来看热闹。

米商找了个盆子，背着姚九华数了八十粒糯米、二十粒粳米放进去，混匀，让他来验。

只见姚九华不慌不忙，接过盆子，将碘酒滴了几滴在米上，用手一拌，马上糯米、粳米的粒数分得清清爽爽。一数，所报数字颗粒不差。看得围观者目瞪口呆，纷纷称奇。

米商们也心服口服。

有人开玩笑道："以后可得小心了，不得掺假，否则牌子要做塌的。"

姚九华不但赢得了那桌酒宴，更是赢得了名声。

正是由于掌握了过硬的粽子制作技艺，他很快就成了嘉兴粽子行业公认的一把好手。

（四）

有一次，一个老太太来订三十五只粽子，要求绳子松一点。接待老太太的姚九华，毫不犹豫地应承了下来，并亲自上灶，按要求包了三十五只粽子。烧熟后，他专门将烧好的粽子放在大橱里，等老太太来拿。

然而，夏文英并没有听见姚九华与老太太谈生意，却看见了藏在大橱里的粽子。作为伙计的姚九华竟敢在大橱里藏粽子，这还了得！

她连问几个伙计，姚九华为什么藏粽子，大家都说不知道，这就更加使夏文英以为姚九华手脚不干净，长了本事不守店规。夏文英性格一向直来直去，心里放不下事，于是将姚九华叫来，叫他结账走人。这让姚九华一头雾水，理所当然要夏文英讲出缘由。而夏文英就是不说，她要看一看，姚九华究竟会把这三十五只粽子如何处置。

第二天下午，那订粽子的老太太如约来取粽子，才使真相大白。

夏文英终于意识到姚九华是自己在生意上值得倚重的人。

1949年3月，有个船娘打扮的女子带了四五个客人来张家弄买粽子，进了庆记五芳斋，每人买了二十只粽子，这在当时算是一笔不小的生意。

姚九华正好路过，看这么大一笔生意给庆记五芳斋做去了，心

五芳斋粽子是嘉兴火车站的热销产品（1937年）

里羡慕极了。见其中一个客人出来，于是凑上去问道："先生去哪里？这粽子有点重哩。"

那位先生以为是个揽活的，马上回道："去火车站，不远，这几只粽子拎得动。"

姚九华又问道："听先生口音是上海来的？"

那位先生答道："是啊，此次是来嘉兴南湖游玩的。嘉兴的粽子名气大，好吃，带点回去给家里人尝尝。"

说者无心，听者有意。看在眼里、听在心里的姚九华就动了心思：南湖是嘉兴的风景点，外地来此游玩的人很多，而嘉兴的粽子又是远近闻名，如果外地游客走时都能来店里买点粽子带回去，不但

粽子的销售额能上去，而且荣记五芳斋的名气也会越传越广。

姚九华觉得巨大的商机就在眼前，必须抓牢。

看着渐渐远去的客人和船娘，姚九华脱下围裙，招呼也来不及打就跟了上去。

跟着跟着，姚九华就跟到了南湖畔。

在南湖渡口，姚九华找到了那个船娘，从她口中了解到，在南湖乘游船的都是外来客，客人在游湖后往往希望带一点嘉兴的土特产回家，而船娘们一般总是推荐南湖菱和五芳斋粽子。由于南湖菱的上市有季节的限制，时间较短，故大都以推荐五芳斋粽子为主。

姚九华对船娘说："我是荣记五芳斋的伙计，'荣记'的粽子是嘉兴最好的，能否将客人介绍到'荣记'？我们会给你一点好处费。"

船娘回答得很爽气："有钱赚当然好！"

一个时辰后，姚九华兴冲冲地回到店里，把刚才与船娘接洽的事一一告诉夏文英。夏氏一听，马上认可。

姚九华忙找人设计了一张名片，上方写了"荣记五芳斋"几个大字，中间画了一只大公鸡，下面写了"粽子"两个大字及粽子店的地址，请人印了一百张。他把这些名片交给船娘，对她说："请你帮忙在船娘中发一下，今后凡是有客人要买粽子，就将这张名片提供给他们，让他们来荣记五芳斋。我店凭名片上各船娘的签名，每张名片给大米两升。"

　　船娘一听，自然高兴，况且她在众船娘中也大大地长了脸，于是她从姚九华手中接过名片，欢欢喜喜地应承下来。

　　自此，荣记五芳斋就多了一批外地的顾客，他们三五成群，每人少则十个，多则二十、三十个地买粽子，顿时店里的生意增加许多。最主要的是，"荣记五芳斋"的牌子越来越响了。从此，夏文英对姚九华的经营才能有了更充分的了解，店里的一切事务都交由姚九华打理。

（五）

　　1949年新中国成立，由于战争带来的创伤，百废待兴，市场经济还没有步入正轨，要花一定的时间、一定的力气才能见成效。经济的萧条同样也反映在三家五芳斋的生意上。

　　先是昌记五芳斋由于资金不足，老板冯昌年只得放弃独资经营，找人

新中国成立初期的五芳斋

入股。取合股之意，"昌记"改成了"合记"。

接着，"庆记"老板朱庆堂以八十担米为代价，将粽子店交由伙计们自行经营，由一个叫周转的人任掌柜，自己只在店里取每日八角的工钱。取朋友合股之意，"庆记"改成了"友记"。

唯独荣记五芳斋另辟蹊径，以扩大经营来求生存，老板郭士荣在上海的浙江中路284号又开了一家分店。

三家五芳斋相互间的竞争越演越烈。1950年，竞争到了白热化的程度。

可是各家的生意并不见长。为了招揽顾客，各家在营业时间都派伙计站在自家的门前，面向张家弄的入口，高声招呼路人，以求顾客先光顾自家的门店。

因为大家都争先恐后地揽客，难免就会引起一些言语上的争执。

"应该用什么好的办法展开竞争呢?"姚九华思索着。

这时，一只乌龟的图像在他的眼前显现。

1949年，荣记五芳斋在上海浙江中路284号开出分店，老板郭士荣将店交由妻弟夏阿根经营。

夏阿根并不是经营粽子的生意人，对粽子的制作技艺一窍不通。

于是姚九华就经常被郭士荣指派去上海帮忙，有一次一去就是三个月。工作之余，他也去上海马路上逛逛。

在上海九江路，姚九华看见一家叫"天晓得"的食品店，门前挂着一块画着一只大乌龟的店幌，引起了他的好奇。几次路过，几次驻足观看，对其含义百思不得其解。

这次三家五芳斋的相互竞争，使姚九华从乌龟店幌中悟出了一些道理。他想：揽客的最好办法是引起顾客的关注，而引起关注的手段有很多，最简单、最可行的手段就是"出奇制胜"。上海"天晓得"食品店的乌龟店幌之所以引人关注，就是因为出了一张不合常理的牌。如果我们也在店门前挂一块画着乌龟的店幌，会产生怎样的效果呢？

姚九华马上把这一想法告诉了夏文英，已了解姚九华经营能力的夏文英哪有不同意的道理。

于是，画着乌龟的店幌就这样在荣记五芳斋门前挂了出来。

这块店幌，长五尺、宽二尺，木制，上面并无文字，只画了一只大乌龟，沿街挑出，很是扎眼，引起了来往路人的好奇和议论，荣记五芳斋一时间人气剧增，一派兴旺景象。此店幌一挂就是两年，一直到1953年9月中国掀起"社会主义改造"时才完成了它的使命。

当时，曾有好事者向姚九华求证这乌龟的含义。

姚九华得意地解释说："这块店幌有着两层含义：第一，乌龟在中国是长寿的象征，这只乌龟说明荣记五芳斋是张家弄最老的粽子店，它还会长期开下去；第二，这只乌龟是我店的首创，你们不要模仿，谁模仿谁是乌龟。"

（六）

1951年，姚九华光荣地加入了中国共产主义青年团。

那一年，他遇上了愿意与他相守终身的另一半——在中丝一厂工作的缫丝姑娘王金娥，紧接着他们的第一个爱情结晶呱呱坠地，从此，他有了一个幸福的家。

姚九华的工作劲头更足了，工作目的性也更明确了。他浑身充满活力，拼命地吸取着一切有用的养分。

首先，他参加扫盲识字班，因他小时候上过一年私塾，很快就摘除了文盲的帽子。

接着，他参加了腰鼓队、口琴队。

最重要的是，他参加了店员工会。店员工会，顾名思义，是一个以店员为主的工会组织。姚九华积极参加店员工会组织的每一次活动、每一次会议，认真落实工会下达的一切指令。很快，他成了店员工会的积极分子，在荣记五芳斋的店员中，确立了绝对的领导地位。

1952年6月，郭士荣去世。就在郭士荣去世的第二年，他的妻子夏文英也一病不起，匆匆随他而去。

由于郭士荣夫妇的两个儿子尚年幼，两人的丧事都由已经成为掌门伙计的姚九华操持。

荣记五芳斋没有了老板。郭士荣的两个儿子年纪太小，不可能担此重任。店里的十几号人大都沮丧地以为要散伙了。

因郭士荣生前有托在身，此时姚九华勇敢地站了出来，决心将荣记五芳斋经营下去。众人见有人挑头，自是举手赞成。

荣记五芳斋进入了最艰难的时刻，而姚九华却迎来了个人发展的黄金时期。从此，他可以将自己的经营理念倾注到荣记五芳斋的生意中；从此，他将按照自己的经营意图来规划荣记五芳斋的未来。

（七）

1956年1月18日，姚九华与嘉兴市五十多个行业三百多名工商界代表一起，顶着严寒参加了申请公私合营的游行。他和大家聚集在人民广场，敲锣打鼓，载歌载舞，庆祝嘉兴"跑步进入社会主义"。

在上级的指导下，"荣记"、"合记"、"友记"三家五芳斋与东门一家名为"香味斋"的粽子店合并为一家店，命名为"嘉兴五芳斋粽子店"，结束了嘉兴粽子店"三国鼎立"的态势和粽子经营的"战国"局面，从无序走向有序。五芳斋完成了由私营到公私合营的身份转换。

这一年，朱庆堂因病去世，周转因偷税漏税被判了刑。

而姚九华却实现了从私方掌门伙计到公方经理的身份转换。原合记五芳斋的老板冯昌年担任了私方经理。

三家五芳斋虽然合为一家，但因场地等原因，仍各自在原地经营。这样一种格局，给经营管理带来了诸多不便。

就在这时，嘉兴市政府开始了新中国成立后第一次大规模的城市改造，决定把连在一起的四条小街小弄芝桥街、张家弄、学前街、庙前街的两端打通，中间连接拓宽，建设当时市区最宽、最长的一条马路，取名为"勤俭路"。

市政府的这一决定，解决了姚九华的心头之患。

按市政府的规划，在改造之列的张家弄，需要将南面的半边街全部拆除，原荣记五芳斋和友记五芳斋的店址也在拆除之列，它们将不复存在。这样一来，五芳斋粽子店就剩下原合记五芳斋的店址，经营面积大大缩水，这势必影响五芳斋粽子店的生意。而面积小了，多余人员的安排也成了麻烦的事。姚九华意识到，要使店里员工生计不受影响，只有做大、做强五芳斋粽子店，这是稳定店员的最好方法。于是，姚九华开始积极地奔走与呼吁。经当时市政府商业科协调，决定关闭与原合记五芳斋相邻的浴室和茶室，把它们并给了五芳斋粽子店。由此，嘉兴五芳斋粽子店的经营面积一下子扩大了好几倍。

从此，三家五芳斋实现了真正意义上的合并。

后因冯昌年被判刑，姚九华被上级任命为正经理。他根据经营面积和人员情况，对嘉兴五芳斋粽子店进行重新规划和整合，成立了粽子部、饭菜部、点心部和冷饮部，把店里的员工也进行了重新

五芳斋当年所在的建国路旧貌

配置，以便充分地发挥每位员工的特长。

由于措施得当，五芳斋粽子店生意红火，营业额和利润大幅上升。

人心齐了，员工的主观能动性也体现了出来，姚九华也就有了创新的空间和时间。根据市场的需求，他带领大家，陆续开发了文武粽、排骨粽、赤豆粽等，极大地丰富了嘉兴五芳斋粽子的品种。

（八）

在扫除了一切影响和制约五芳粽子店发展的障碍后，姚九华的工作劲头更大了。他浑身铆足了劲，全身心地投入到粽子店的生意上。在他的努力之下，此时的五芳斋粽子店已由新中国成立初期的十几个人发展到了八十几个人，店面也由原来的勤俭路、建国路口迁到建国路上，营业面积扩大了五六倍。粽子部、饭菜部、点心部和冷饮部各司其职，井井有条。尤其是粽子部，在紧邻的塔弄南侧开辟出了200多平方米的粽子制作工场。

1959年，姚九华获得了"嘉兴市财贸系统先进工作者"的光荣称号，并加入了中国共产党。

1959年的五芳斋店面

当年，姚九华赴北京参加全国财贸系统比武大会。回到店里后，姚九华马上把五芳斋的老师傅叫到一起开会。会上姚九华介绍了参加全国比武会的情况，谈了挖掘和传承五芳斋粽子制作技艺的想法。

那么五芳斋粽子的制作技艺是怎么样的呢？大家你一言我一语，很快就捋了个八九不离十。

总的来说，五芳斋粽子制作技艺包括选料、配料、拌料、包裹、烧煮、包装等全过程，这一过程的每道工序都是五芳斋人呕心沥血总结和传承下来的。

通过老师傅们这一捋，五芳斋粽子制作技艺就清晰地呈现在了人们的眼前。

最后，大家一致将裹粽作为五芳斋粽子技艺中最具代表性的一道工序。因为这道工序不但要求裹好的粽子重量符合标准，粽形美观、饱满，扎线工整牢固，而且要求速度快，有参与比赛的可操作性。

于是，大家根据以往裹粽的经验，将裹粽的手势和动作作了分解和固定化，甚至将裹一只粽应用几张粽箬，绕几道绳，扎怎么样的绳扣都做了详细的规定，并在工场里进行推广。裹粽工们普遍反映，有了这一规定，裹粽的手势更快了。经测试，裹粽速度提高了30%左右。

为此，姚九华在店里多次举行比武赛，评出多个裹粽状元。

（九）

"文化大革命"期间，嘉兴五芳斋粽子店改名为"嘉兴人民饮食店"，姚九华也被调离心爱的工作岗位，先后参加了"四清"工作组、拨乱反正工作组、南湖饭店筹建组等，改革开放初被任命为南湖饭店副总经理。

1984年，浙江省商业厅组织一批贴息贷款，支持各县、市饮食服务公司门店的升级换代。嘉兴市饮食服务公司上报的"改造嘉兴人民饮食店"的项目也在其中，获得了53万元的贴息贷款。浙江省商业厅要求，这53万元只能用于嘉兴人民饮食店的改造，贷款必须三年还清。这对于一年只有3万元利润的嘉兴人民饮食店来说，几乎是

20世纪70年代末80年代初的五芳斋

1985年的五芳斋

不可能做到的事情，公司内没有人敢接这只烫手的山芋。

公司领导经反复讨论，最后一致认为：只有姚九华才能担此重任。

姚九华很清楚还贷的压力，但是能重回粽子店当经理，却是件值得高兴的事。经过仔细测算和反复斟酌，他向领导表示同意回店，但必须满足三个条件：（1）店的地址不变，恢复"五芳斋"老店名；（2）只设一个经理，下设四个部门主任；（3）粽子店的二楼增开酒楼。并言明，开酒楼的目的是增强还贷能力，以确保三年后还贷成功。

1984年的中山路、建国路口，五芳斋于1986年搬至这里

　　公司同意了姚九华提出的条件。

　　之后，姚九华投入到紧张的筹建工作中。因为有了十几年基建工作的经验，整个建造过程还是挺顺利的。

　　1986年，一座崭新的、古色古香的五芳斋在嘉兴建国路重新开张。姚九华一拿到著名书画家任政书写的"五芳斋"和"粽子大王"这几个大字，就立马去东阳木雕厂制作了两块匾额，一块悬挂于门楣上做店招，另一块像当年那只乌龟一样横挑于大门南侧。"五芳斋"成了一块真正的金字招牌。

（十）

姚九华在重任五芳斋经理的几年里，虽然在创造条件努力还贷上花费了一部分精力，但始终没有放弃粽子经营的主业。就是这几年，五芳斋粽子的产销量一举突破了几年来一直徘徊不前的局面，年年翻番，1988年达到了破纪录的三百一十万只。这一成绩与姚九华在确保五芳斋粽子技艺传承和发展的前提下进行的几次大规模机械化改造有关。

在五芳斋粽子祖传的技艺中，要生产一只好的肉粽，拌肉是非常关键的一环。它要求切块完毕的猪肉拌上盐、白酒后，必须用手工将肉反复地搓揉至起泡为止。一直以来，五芳斋都是按祖传要求进行人工搓揉的，这是一件非常吃力的工作，工作质量往往因人而异，影响肉粽的品质。怎么办呢？那时，建筑工地上已开始使用水泥搅拌机来搅拌混凝土，这给了姚九华很大的启示。姚九华带领大家，苦干加巧干，终于试制成功搅肉机。

从此，五芳斋粽子在搅肉这道工序上再也不用人工操作，也不用担心搓揉不到位而影响粽子质量了。由此举一反三，拌米机也应运而生。

接着，姚九华又在粽子的烧煮锅上动开了脑筋。他按照高压锅的工作原理，设计了一只直径1米多的不锈钢大锅，里面可放一千多只粽子，厚厚的宽边锅沿上装着十几只直径20毫米粗的不

锈钢螺栓，这些螺栓是可上下翻动的。当不锈钢锅盖盖上后，不锈钢螺栓可翻上来固定锅盖，旋紧螺帽，锅子与锅盖相结合就成了一个密封体。锅盖上装了一只安全阀，锅里的蒸气压力通过安全阀来调节。草图绘出来后，他和机修人员找到嘉兴一家不锈钢压力容器厂商量高压烧煮锅的制造事宜。经过压力容器厂专业工程师的测算和改进，粽子高压烧煮锅就这样诞生了。经过试验，效果还真是不错。

烧煮车间的现代化初见雏形，车间的卫生条件也进一步改观。那一只只不锈钢锅子一字排开、锃光瓦亮、一尘不染，粽子烧煮前的入锅和烧煮后的起锅都采用吊笼和电动葫芦来完成，大大加快了入锅和起锅的时间，减轻了劳动强度。粽子的熟化程度也大大提高，能耗也随之下降。更让人惊喜的是，由于采用密封烧煮，使烧煮的粽子香气大增。

尝到了机械化的甜头，姚九华在粽子技艺现代化改革上的步伐更快了，他先后进行了裹粽台的不锈钢化、操作工具的不锈钢化等改革。五芳斋粽子制作技艺吹响了向现代化进军的号角。

1988年，姚九华被评为"嘉兴市劳动模范"，而后，被授予"嘉兴市优秀共产党员"称号。

（十一）

1947年12月创刊的《禾报》是在嘉兴颇有影响力的时政杂志，就在它的创刊号的封底刊有一则粽子广告，广告词是这样写的："粽子大王，五芳斋荣记老店，请认明金鸡商标。"这表明五芳斋最早的注册商标是"金鸡"，注册于何年何月无资料查证，但至少应在1947年前。这也说明，早年荣记五芳斋并没有用它的字号作商标，而其他两家五芳斋则一直没有商标。这一事实可以从1985年国家商标局重新核发的第219411号"鸡牌"商标注册证书中得到证实。

为什么不用"五芳斋"作商标呢？这大概与当年有三家五芳斋，谁注册"五芳斋"都不合适有关。

姚九华在重新担任五芳斋经理后，总觉得商号和商标分别命名有点别扭，消费者往往只记"五芳斋"，而对"鸡牌"似乎不太了解，如果商号和商标都是"五芳斋"

五芳斋"鸡牌"商标

就非常顺了，这样五芳斋粽子的知名度会大大提高，广告宣传也更明确、简洁。

当时全国以"五芳斋"命名的企业还有苏州五芳斋、上海五芳斋、北京五芳斋、武汉五芳斋，他们都有可能注册"五芳斋"商标，谁先意识到商标的重要性谁就拔得头筹，成为"五芳斋"商标的持有人，在今后的市场竞争中占领制高点。姚九华心急如焚。为了抢夺先机，他几经努力，终于征得领导同意，成功注册"五芳斋"商标！当姚九华拿到这张注册号为第331907号、使用商品为第三十类粽子的"五芳斋"商标注册证时，他的脸上露出了满足的笑容。

接着，他又参与策划另一个对粽子有划时代意义的活动——制定粽子的产品标准。

1988年，嘉兴市饮食服务公司在嘉兴市技术监督局的支持和指导下，制定了全国第一个粽子产品标准。这个产品标准由嘉兴市饮食服务公司业务科科长罗启伟执笔，而第一手的数据出自姚九华之手。

（十二）

在姚九华的努力下，五芳斋粽子的名气越来越大。国内、国外的一些媒体纷至沓来，对五芳斋进行了连篇累牍的报道。1985年2月12日《浙江日报》的一篇文章《五芳斋粽子香飘四方》说："客过嘉兴的人，不尝一尝五芳斋粽子，也是一件憾事！"1986年5月16日《浙江工人报》的一篇文章《五芳斋粽子的传人》，介绍了五芳斋粽子传人姚九华的精湛技艺，这是报刊上首次称姚九华为"五芳斋粽子的传人"；1986年6月11日《扬子晚报》的一篇文章《访粽子王牌店》，向江苏的读者详细介绍了五芳斋粽子的高品质；1987年1月10日出版的《东南行情》刊登《你知道五芳斋粽子吗》一文，详细介绍了五芳斋粽子，起到了推广五芳斋粽子的作用；1987年5月26日《解放日报》向上海市民介绍五芳斋粽子；1987年12月我国台湾地区的刊物刊文《五芳斋粽子》，介绍五芳斋粽子；1988年1月7日《人民日报》"海外版"刊文《"粽子大王"五芳斋》，向广大海外人士介绍五芳斋粽子。在这期间，英国的电视台也慕名而来，为嘉兴五芳斋粽子拍了一部专题片。短短的两三年内，据不完全统计，在报刊杂志上发表的关于嘉兴五芳斋粽子的文章不下五十篇，大大提高了五芳斋粽子在公众中的知名度和美誉度。

（十三）

姚九华于1990年退休，退休时已经六十二岁了。风风雨雨四十多年，使他感慨无限。

从一个无知的放牛娃到知名粽子店的经理，过程是漫长的，结局是美好的。

姚九华传授裹粽技艺（屠丽辉　摄)

姚九华曾对自己作过如下的评价："我为什么要一心一意地做好、做大五芳斋粽子这个产业呢? 实际上就是为了有一份稳定的工作，过上'老婆孩子热炕头'的安定生活。因此，我始终记着一句古话'大河有水，小河满'，五芳斋粽子店就是我的依靠，我的衣食父母。我必须全力以赴地把五芳斋粽子店的生意做上去，企业好了，我自己的日子才能过得幸福、舒坦。"

多么朴素的话语，多么坦诚的心扉! 正是姚九华的平常心，造就了他有声有色的一生。

退休后的姚九华并没有闲下来，他继续关心着五芳斋的发展，

领导与姚九华、唐阿根合影

用他的微薄之力维护着五芳斋品牌的声誉。

　　参加建造五芳斋粽子厂是姚九华退休生活中最出彩的一笔。

　　由于粽子供应连年脱销，原来前店后坊的经营模式已经不能满足市场的需求。1994年，当时的公司领导决定异地建一个粽子工厂，日产规模定为十万只，产量比之前要增长十倍，这对全国的点心行业来说可是开天辟地的大事。因为是首次建厂，大家对生产设备的选型、工艺流程的设计都没有经验，总经理来到了已经退休四年的姚九华家，动员他出马把关。姚九华一听要建粽子工厂，心里非常激动，二话没说就答应了。在建厂的一年多时间里，姚九华将自己对粽子制作技艺的理解和对粽子行业的热爱都倾注在了筹建工作上。粽子工厂的建成和投产是五芳斋发展史上的一个里程碑，这个粽子工厂后来曾创造过一天生产三十万只粽子的纪录。

粽子工厂建成后，姚九华并没有停下自己的脚步，金华粽子联营厂的建设又提到了日程上。这次他是孤身一人去的，因此，从厂房的布局、工艺流程的设计一直到生产设备的选置都要亲力亲为。这样一去又是一年的时间。联营厂开工后，经营情况非常好，产品基本覆盖了金华、衢州一带。为此，《金华日报》记者曾写了一篇长篇报道《嘉兴粽子回娘家》，轰动了整个金华地区，一时成为美谈。

在姚九华退休后的二十多年来，他还做过许许多多有利于五芳

五芳斋集团组织老前辈参观产业园粽艺长廊

国家级非物质文化遗产项目五芳斋粽子制作技艺奖牌

斋的事，如为解决粽子供不应求的问题，努力促成五芳斋与当时第二大粽子企业粮午斋的兼并。

他还组织社会上的退休老人参观五芳斋产业园，让他们从感性上领略现代化五芳斋的风采。这些老人回去后成为五芳斋粽子的忠实拥护者和最好的宣传员。

2009年9月23日，浙江省文化厅公布了第三批浙江省非物质文化遗产项目代表性传承人名单，作为五芳斋粽子制作技艺的代表性传承人，姚九华榜上有名。2011年6月8日，五芳斋粽子制作技艺列入第三批国家级非物质文化遗产名录。

喜讯传来，时年八十三岁的姚九华感慨万千。他认为，五芳斋粽子之所以能驰名中外，与它精湛的技艺分不开，正是由于这一技艺的传承发扬，才使五芳斋粽子"糯而不糊，肥而不腻，肉嫩味香，咸甜适中"的特色成为经典。他欣慰地说："能够把五芳斋粽子制作技艺作为国家级非物质文化遗产加以保护，那么这门传统手艺就不会消失了。"

2012年12月23日，姚九华去世。

[贰]五芳斋粽子的重要价值

通过百年的发展和传承，五芳斋粽子形成了自己的特征及价值。这些特征及价值对中华民族民俗、民风的保留和传承起到了维护和凝聚的作用。

五芳斋总店

（一）五芳斋粽子的主要特征

1. 五芳斋粽子的产品特征。

首先，粽子用箬叶包裹，这箬叶不但是包装，也是食品的有机组成部分。粽子的特有香味就源自箬叶，没有箬叶何以为粽！

其次，粽子四角坚挺端正，大小均匀，口味以"糯而不烂，肥而不腻，肉嫩味美，咸甜适中"著称。

五芳斋粽艺师正在表演制粽技艺

再有，粽子被誉为最古老的"东方快餐"，既是节俗食品，又是宴席美点；既可果腹充饥，又可馈赠亲友；既可堂前细品，又可便捷携带。

2. 五芳斋粽子的工艺特征。

五芳斋粽子是江南稻作文化的产物，是"嘉湖细点"的代表，是"精益求精"的代名词。它经独创的调味、包裹、烧煮等工艺，将"嘉湖细点"的精美细致发挥到了极致。

3. 五芳斋粽子的民俗文化特征。

粽子是端午节的节令食品。端午节作为中华民族重要的节日，凝聚着深厚的华夏情结。可以说，无论在世界的哪个角落，只要是

"五芳斋之日"端午民俗文化活动上外国友人正在认真学裹粽

"五芳斋之日"赛龙舟

五芳斋粽艺师向外国友人展示中国传统制粽技艺

华人，尝到粽子，就会产生乡愁。而今五芳斋粽子已漂洋过海走向世界，起到了凝聚炎黄子孙，宣传中国、展现中国的作用。

（二）五芳斋粽子的重要价值

1. 实用价值。

粽子以其产品特性被称为"东方快餐"，是营养丰富、美味便捷的方便食品。大米和多种荤素馅料的组合，使它富含蛋白质、维生素和多种微量元素。明代李时珍的《本草纲目》就有箬叶药用价值的记载。现代研究表明，箬叶不仅富含多种维生素以及钠、钙、镁、磷、硒、铁等，而且从箬叶中提炼出来的黄酮是抗肿瘤的良药。因此，粽子既可以作为营养美味的正餐享用，又可以作为方便快捷的点心充饥。

2. 文化价值。

粽子是中国历史上迄今为止文化积淀最深厚的食品，它既有远古的诗意，又有现代的情感，更兼以全民族的纪念意义。五芳斋是具有深厚历史文化底蕴的"百年老字号"，是嘉兴的一张城市名片，其无形资产已超5亿元。老字号文化和粽子文化的完美结合，散发着独特的魅力。数十年来，五芳斋粽子正是作为一种中华民族文化的载体，担任着"对外交流的使者"，向全国乃至世界弘扬中国传统文化。

3. 研究价值。

粽子是中国传统点心的杰出代表，研究它的起源和流变，对于其传承、保护和发展具有重要意义。五芳斋是粽子行业的领导者,在我国绝大多数老字号企业生存艰难甚至濒危的情况下,五芳斋却独树一帜,在继承和创新中和谐发展,成为传统技艺实施生产性保护的成功例子。因此,研究五芳斋的发展之路,对于我国其他老字号传统技艺的传承和可持续发展具有重要的借鉴意义。

4. 经济价值。

自2008年端午节被列入国假,2009年全国粽子销售额达30亿元左右,预计在今后若干年将发展到100亿元以上。作为行业龙头,五芳斋连续三年被国家税务总局列入全国食品制造业纳税百强,且充分发挥国家级重点农业龙头企业优势,促进了大米、肉类、箬叶等农副产业的发展,为国家和地方经济发展做出了突出贡献。

[叁]五芳斋粽子的保护措施

随着食品工业现代化发展的日新月异,粽子生产的工业化、标准化、规模化给粽子产业注入了勃勃生机,但也使粽子的传统制作技艺面临着急剧变迁,其赖以生存和发展的重要基础——传统烹饪文化也逐渐消亡。就五芳斋粽子制作技艺而言,其关键工序——土灶烧煮,如今已不复存在,拣箬叶、淘米、拌料等工序也被机械所替代,五芳斋粽子制作技艺濒危。

为了弘扬中国粽子文化,传承五芳斋传统制作技艺,五芳斋集团十分重视五芳斋品牌及文化建设。在五芳斋产业园内,设有粽艺

煮粽子

长廊及粽艺文化展示厅供国内外游客参观, 成为"国家工业旅游示范点";组建专职粽艺师队伍, 在国内外广泛传播粽子制作技艺;每年举办或积极参与"中国粽子文化节"、"嘉兴端午民俗文化节"等大型活动, 弘扬粽子文化。

通过不断的努力和有效的生产性保护方式, 五芳斋粽子的传统制作技艺和品牌影响力不断提升, 先后获得"中华老字号"、"中国驰名商标"、"国家地理标志注册"、"中国名点"、"中华名小吃"等殊荣。2011年, 五芳斋粽子制作技艺列入第三批国家级非物质文化遗产名录。

（一）面临的问题

1. 工业化生产的矛盾。

五芳斋粽子制作技艺蕴含着无价的情感、个性与灵性，这种个性化和创造性是不可复制和替代的，对其保护与传承无可厚非，也无可争议。但像五芳斋粽子这种劳动密集型产业，在市场经济集约化经营的大环境下，其面临的困难是显而易见的。

市场需要标准化、规模化、统一化生产，企业需要降低成本谋求长远发展。工业化生产是社会发展的大趋势，产业要求按工业的标准进行生产，销售与物流服务成为一体才能称为产业，单独的手工作坊是形成不了产业的。而粽子机器化大生产一旦代替了传统手

高速公路枫泾服务区的五芳斋门店（屠丽辉　摄）

沪杭高铁线上的五芳斋门店（屠丽辉 摄）

工作业，又将阻挠粽子传统制作技艺的传承与发展。

2. 传承后继乏人。

代表性传承人是非物质文化遗产的重要承载者和传递者。非物质文化遗产区别于物质文化遗产的一个基本特性，即它是依附于个体的人、群体或特定区域空间而存在的一种活态文化，而今，非物质文化遗产传承人后继乏人，面临着严峻考验。

现代工艺的发展和技术的进步，新一代的年轻人对包粽子这种传统技艺不感兴趣，甚至不屑，每年的"用工荒"就凸显了这一点。越来越多的年轻人，尤其是拥有较高学历的年轻人，他们更愿意选择收入更高，工作更体面，环境更好的职业。

3. 资金短缺。

非物质文化遗产保护经费短缺，是五芳斋粽子制作技艺的保护面临的最大难题。而非物质文化遗产的保护是一项长期的工作，短期经费的不足，会直接导致工作难度加大，强度加大，工作开展得很不平衡。

（二）保护措施

1. 传统技艺的传承和保护。

为了弘扬粽子文化，五芳斋集团十分重视对五芳斋粽子制作技艺和文化的传承和保护，从决策层到一线经营部门，建立了专门机构开展工作，并采取了一系列保护措施。

（1）注重对非物质文化遗产传承人的保护。五芳斋集团高层领导十分关心裹粽技艺传承人。姚九华是五芳斋粽子制作技艺传承人，从1948年进五芳斋当学徒，到1990年退休，四十多年的悠长岁月，姚九华作为五芳斋历史上一位重要的传人，带领着五芳斋经历了几次历史

五芳斋老前辈回娘家："照片上的人就是我！"

变迁，度过了最艰难的时期，为"五芳斋"这块金字招牌的兴盛、发展奠定了坚实的基础。

（2）注重粽子制作技艺的生产性保护。在现代工业化大生产的今天，五芳斋集团始终坚守传统裹粽技艺和传统配方，确保百年特色不变。五芳斋食品研究所承担了粽子的工艺研究和新品开发工作，每年开发粽子新品三十个以上，使这一古老的产品不断保持年轻的生命力。目前，各类粽子品种已超过一百个，每年销售数量达到三亿只，并销往国外。

五芳斋粽子制作技艺是江南粽子流派的典型代表，随着五芳斋品牌影响范围的扩大，五芳斋粽子制作技艺已传播到以上海、浙江、江苏为主的长三角区域。2008年3月，五芳斋集团在成都建厂，粽子制作技艺随之扩展到成都、重庆、云南、广西等西南地区。2010

五芳斋产业园裹粽车间

五芳斋上海总部开业（屠丽辉　摄）

年，五芳斋集团又在广东东莞建立五芳斋产业园，将裹粽技艺传播到了华南及我国港、澳、台地区。

（3）注重年青一代粽艺师队伍的培养。目前五芳斋集团三大基地裹粽员工已达数千人，通过技术培训、技术传授、技术比武等方式每年对裹粽技艺进行评比。

2008年底开始，五芳斋集团又培养了一支大学生粽艺表演队伍，宣传和表演五芳斋传统制粽技艺；对粽艺师进行企业概况、粽子文化、粽子常识、媒体应访、裹粽工艺、形体表演、解说训练等多方面的培训，使他们成为高学历的粽艺文化使者。五芳斋粽艺表

五芳斋粽艺师与嘉兴民间裹粽手切磋技艺

五芳斋裹粽高手精湛的传统技艺表演吸引了大家驻足欣赏

演队每年在国内外开展数十场裹粽绝活表演,展示粽子文化的迷人魅力。

(4)挖掘整理粽艺文化资料。2010年以来,为了更好地保护和传播五芳斋粽艺文化,五芳斋集团搜集和编撰了《传人姚九华》、《嘉湖细点探源》等数十万字的历史资料,这对中国传统饮食文化的保护具有深远意义。

2."非遗"技艺及品牌文化传播。

(1)开辟粽艺文化展示窗口。为了进一步彰显自身的品牌文化特色,并更好地加以传播,在位于嘉兴的五芳斋产业园内专门建造别具特色的粽艺文化长廊,作为一座"活着的粽艺展示馆",彰显传统工艺和现代工业相结合的独特魅力。2006年,五芳斋产业园被评为"全国工业旅游示范点",整条粽艺长廊清晰、完整地展示三十六道主要裹粽工序。为了更好地展现深厚的品牌文化底蕴,五芳斋集团还不断加大粽艺宣传,新建了富有人文气息兼具现代时尚感的粽艺文化多功能展示厅。展示厅内,以五芳斋创始人为形象的挑担老人开启篇章,讲述五芳斋风雨历程的百年轨迹,更倾力打造3D历史墙背景,配以店招、经典粽子担等,还原1985年时五芳斋建国路总店的原貌。新展示厅内还专门设置了一个裹粽区域,让宾客在观看五芳斋粽子制作技艺的同时,能亲自体验裹粽的乐趣,感受传统技艺的内涵。

外国友人体验裹粽技艺（屠丽辉　摄）

美国青少年参观五芳斋

舞蹈《粽子香喷喷》展示五芳斋粽子魅力

韩国小朋友参观五芳斋

裹粽小能手

　　集聚五芳斋特色的粽艺文化长廊，每年接待中外游客数十万人次，还兼具调研考察、文化传播、科教传承等功能。

　　五芳斋始终坚持对中国粽子的历史传承，积极开展青少年对粽子传统文化的学习与实践，五芳斋产业园每年接待各地大学、中学、小学和幼儿园师生数千名，粽艺长廊已成为立体的裹粽技艺科教基地。在这里，参观者可通过影像视频了解五芳斋与粽子的历史发展进程，更有裹粽技艺视频教学。而在裹粽区域，有技艺精湛的裹粽技师现场教学裹粽技法，打壳、放料、称重、包成形、扎线等一系列裹粽步骤近距离、立体地呈现在参观者面前。

　　（2）整理粽艺文化记录。五芳斋集团在品牌管理部设有文化专

央视少儿频道拍摄端午特别节目

央视拍摄五芳斋裹粽现场

员，将现已收录、出版的传统生产工艺流程的文字资料、影像资料归类存档，妥善保存。近年来，随着传播形式的多样化，五芳斋集团将粽子传统制作技艺与品牌文化加以整合传播，第一季《舌尖上的中国·主食的故事》开篇提到"嘉兴人，踏实放心的一天，从一个热腾腾的肉粽子开始"，专辑中多次出现五芳斋裹粽技师用传统技艺包裹粽子的画面，深入人心。同时央视、各地方及海外电视台多次前来拍摄关于五芳斋品牌文化及粽子传统制作技艺的专题片，如《风雨五芳斋》、《老字号五芳斋》等。五芳斋集团花了大量的人力、物力积极配合拍摄工作，并做好资料留存工作。

（3）开展粽艺文化交流。为了更好地进行粽子文化传播，五芳

浙江电视台现场直播千斤巨粽的诞生过程

斋集团还积极开展有关粽子文化的研讨会和相关活动，组织、邀请国内外媒体、专家对粽子文化进行探讨、交流。同时，五芳斋更肩负着集群粽子企业，聚力粽子产业，振兴食品行业的使命。几经摸索，凭借着执着的毅力，五芳斋集团于2005年独家承办首届中国粽子文化节。2010年独家冠名赞助并承办澳门中国粽子文化节。2014年，五芳斋集团积极承办在浙江嘉兴举行的第十届中国粽子文化节，在此次文化节上，全国两百多家粽子产销企业、食品原辅材料和包装供应商，以及零售渠道商齐聚一堂，共同回顾了中国粽子产业十年发展的历程，研究探讨传统食品企业如何寻求突破，转型创新，推动小粽子到大产业的蜕变。中国粽子行业在过去十年的迅猛发展，五芳斋起到了行业龙头老大的领导推动作用。

（4）举办粽艺文化活动。多年来，五芳斋集团通过各种粽艺表演以及文化交流活动，将五芳斋粽子制作技艺传播到我国香港、澳门、台湾地区及日本、新加坡、美国、澳大利亚、加拿大等国家。五芳斋集团在各地举办的裹粽大赛让更多的消费者体验选粽叶、装馅料、包粽子、扎线等制作过程，享受裹粽的乐趣，从中品尝到的不仅是五芳斋粽子的软糯可口，更是民俗民风的芬芳四溢。

2006年迄今，五芳斋集团连续九年赞助中国嘉兴端午民俗文化节，通过裹粽大赛、龙舟赛等活动，持续宣传富有嘉兴地方特色的粽子文化。每年端午节，都有近千名市民及学生参与裹粽比赛。2014

年，裹粽大赛人气火爆，裹粽技艺在民间不断传播并升温。从农历五月初五开始，全市各街道、小学及台胞等一千二百名选手进行了裹粽预赛，是历年来规模最大、参与度最高的一次。

2008年起，五芳斋已连续七年举办了海峡两岸同胞包粽比赛。其间，央视四套多次到现场实地拍摄，并及时通过央视新闻播出。

在2010年上海世博会上，五芳斋粽子作为浙江名点的代表在世博会园区开设了两家门店，还在中国地区馆举行了盛大的端午文化日活动，在现场展示了五芳斋粽子制作技艺，并邀请各国来宾参加裹粽比赛。

2011年开始，五芳斋集团连续三年与全国妇联合作，在全国范围内开展"分享幸福的味道"大型公益活动，通过晒幸福、拍全家福及传家菜征集等活动，将公益传播融入整合营销和高覆盖率的公关传播，使得"五芳斋"这一老字号的品牌形象更加鲜明、更加立体化。

2011年6月21日，北京浙江名品中心嘉兴馆五芳斋形象店在北京朝阳区唐人街隆重开业。五芳斋粽子代表浙江名品受到了各级领导和广大北京市民的关注。

除了以上传统的宣传方式，五芳斋集团还开拓创新，借助新媒体进行品牌推广和传播。邀请全国知名博主参观五芳斋，在网络上掀起了"藏在粽子里的幸福小城"的热议，并树立了"激情粽子哥"

激情粽子哥展示其包裹的粽子（屠丽辉　摄）

五芳斋举办的"幸福家庭江南之旅"活动

学裹粽子

这样的五芳斋裹粽技艺能手形象；五芳斋集团还开通官方微博与消费者建立联系通道，至今粉丝数已近百万。为了能更大限度地推广品牌，推广端午民俗，五芳斋集团还采用了电影植入的方式，通过赞助全国残运会的献礼影片《假如没有你》，拉近与消费者的距离。

（5）传承粽艺文化精髓。为了能让五芳斋粽子制作技艺世代传承，五芳斋特开展"非遗进校园"活动。走进学生们的课堂，手把手教学生裹粽技艺，引导青少年接受优秀传统文化熏陶、传承优秀传统文化。

（6）五芳斋集团十分注重端午文化、粽子文化的国际交流，曾多次与欧盟及美国、俄罗斯、日本、韩国的食品专家、学者进行学

美国孩子在展示裹粽成果（屠丽辉　摄）

五芳斋大厦

术、技术等方面的交流。比如，赴日参加"中华老字号"品牌推广活动，举办海峡两岸粽文化研讨会，组织包括日本、韩国、新加坡、英国、美国等在内的世界各国大使及普通游客体验粽子文化等。同时，通过网站、杂志等窗口宣传企业文化和粽子文化。

（7）五芳斋集团一向注重对知识产权的保护。自1988年"五芳斋"商标正式注册在第三十类粽子产品上，已连续使用至今，并于2004年6月获得"驰名商标"的认定。"五芳斋"商标境内注册范围已覆盖了四十五个大类，境外注册范围涵盖了我国台湾、香港、澳门地区及日本、美国、加拿大、欧盟等国家与地区。

附录

"益智粽"畅想

聂凤乔

5月下旬，应浙江省嘉兴市烹饪协会之邀，为首届五芳斋粽子文化节开了一次关于粽子文化的讲座。这使我不得不把粽子的资料整理一番，想不到其内容非常丰富，还有意外发现。

粽子，原以为是为纪念屈原投汨罗而创制，其实早在一万多年前就已经有了包米煮食的发明。这个又叫"角黍"、"裹粣"的食品，是到晋代才和划龙舟列为端午节的节日活动的。除此之外，夏至吃，春节也吃，五芳斋则是一年四季都供应。发展至今，这世界上最早诞生的方便食品，以粮为主，可配肉（包括畜、禽、水产等）、蛋、蔬、果、豆等，而且有甜有咸，有单有拼，有荤有素。就这粽子专业店的五芳斋，粽子品种已达到五十多个了。放眼全国，粽子南大北小，形状多样。东南亚与日本、墨西哥也有粽子，大都为华人传去。粽子不仅品种繁多，风味殊异，而且携带方便，贮馈咸宜，冷热皆可（热吃可煮、蒸、炸、煎），可作主食，也是点心，且是真正的方便食品，我以为世界诸快餐品种无出其右者！

面对这人人皆知的奇妙食品，不禁浮想联翩。开头始于东晋末年农民起义领袖卢循给晋大将刘裕送"益智粽"的故事。这是嘲讽刘裕无能，可"益智粽"却成了典故。问题在益智上，这是味中药材——益智仁。嵇含《南方草木状》已载，后见于诸家"本草"，其味辛，性温，入脾、肾经，可温脾、暖肾、固气、涩精，《本草求真》且称其为"补心补命之剂"。卢、刘之事见于北魏崔鸿《十六国春秋》："（晋）安帝元年（397年），卢循为广州刺史，循遗裕益智粽，裕乃答以续命汤。"看来，益智粽似已是现成的药膳了。寻其源，又见晋代顾微《广州记》载："益智……一枚有十子，子肉白滑，四破去之，取外皮，蜜煮为粽，味辛。"

当然，我并不是想在今天再来恢复做什么"益智粽"，联想五芳斋的粽子品种中，有加莲子、桂圆、栗子等的，都会对身体产生不同的养生补益功效；再联想，不同加料粽子都在说明书上注明其性味与养生功效，同时也加上现代检测的营养成分数据，让食客一目了然；最主要的联想在于，能否发现新的加料粽？如加枸杞或加黄米、陈皮、姜末、花生米、杏仁之类太平药料；从厦门好清香酒楼煮粽时汤中加肉骨，又联想煮纯米粽子可否加艾叶（宋代是有艾香粽的）或其他香料，等等。总而言之，使粽子明确地具有诸般不同的养生功效，更利于人择而食之，不只是一种方便食品而已。这原本是

中国食品有别于世界许多食品的一大民族特色!

当然,就是纯糯米粽也有养生功效。糯米之功不说了。包粽之箬叶,又称"辽叶"。箬竹之叶,海外报道其具有抗癌作用,中医认为它味甘、性寒,可清热止血、解毒消肿。为什么用箬叶包? 我们的祖辈绝非如有些学者所污蔑的是"瞎做瞎吃",而是有心的优选。

联想已变成畅想,建议送给即将成为百年老店的嘉兴五芳斋粽子店,当然还可供以粽子知名的湖州诸老大、上海乔家栅以及一切制粽者参考。我还曾建议嘉兴朋友编一本《粽子谱》,公之于世,无非为了济世利人。

(本文写于1991年,收录于聂凤乔的文集《食养拾慧录》)

粽子是快餐先驱——代嘉兴粽子拟的广告

程十发

粽子是中国食文化的先驱。

它是中国人民的创举,它为纪念中国伟大诗人屈原而诞生。

当您打开粽子的时候,闻到的是中国文化的清芬。

几千年历史证明,它是古代人民诗一般的创造!

您尝到的不仅是粽子,您首先为中国文化而感到骄傲。您尝到的不仅是粽子,您首先为几千年中国饮食文化而感到骄傲!

世界上快餐的始祖,中国的粽子。

还告诉您，嘉兴的粽子与它的城市一样有名！

注：客赐我嘉兴粽子，一时兴发胡诌几句。如蒙嘉兴五芳斋采用，当不收报酬，特此附记。

（本文载于1993年5月30日《新民晚报》）

路边的粽子你要"踩"

沈宏非

天下粽子，种类上大致可分为京、浙、川、闽、粤五大流派。嘉兴粽与湖州粽齐名，被公认为粽中之王。

嘉兴粽子里的老大，首推五芳斋，用的是上等白糯、猪后腿瘦肉、徽州伏箬。所谓伏箬，指盛夏时节所采之箬。此时的粽叶，因吸足了土壤的营养、水分和阳光，最香。徽州粽叶一年只长一季，开春发芽，至梅雨季节长大为"梅箬"，不过太嫩，而秋冬的粽叶又嫌太老了。

五芳斋的粽子，卖的满坑满谷，满天下到处都是。但是，那些真空包装绝对没有新鲜的好吃，嘉兴城里五芳斋总店的新鲜粽子，好像又不如嘉兴城外路边的好吃……

这条路，就是沪杭高速公路，五芳斋粽子专卖店，就开在上海至杭州约50公里处路边的嘉兴服务区。我个人的习惯是，闻香下车，别管什么豆沙粽、蛋黄粽、栗子粽、火腿粽等等劳什子，坚定地

直奔那大肉粽。

把这烫手的宝贝热腾腾地捧在手里，怯生生地试探着咬一小口……肉香、米香、箬香，交融四溢了满嘴，这种香味还以热量的形式线性地奔腾直下，软软糯糯地一路钻到心尖。七千年前发源于嘉兴的稻谷文明，实在是强啊！感谢五芳斋，感谢沪杭高速公路，感谢屈原，感谢宋玉，感谢楚怀王，感谢夫差，感谢伍子胥，感谢曹娥，感谢介子推，感谢河里的鱼，感谢江里的水怪……

为什么是路边的粽子最好吃？我有两个理由：

一，现剪、现煮、现吃，当然新鲜。可能是因为大肉粽特别好卖，我发现店员有时候会事先煮好一堆放在一边，你要，就先从这堆里拿一个剪给你。这个时候，嘴要甜，原则更要坚持，务必只吃锅里现煮的。

二，嘉兴城里五芳斋的新鲜粽子，也许更新鲜更好吃，但"路边的粽子最好吃"，基本上属于心理作用，它来源于一种"旅游"的仪式感。车开到休息区，往来客官多少都有些困乏，这种时候吃到的食物，通常都会自动加分10%—20%。我个人的经验是，从上海出发，最好选在上午，千万别吃早饭，喝杯咖啡就行，车行一个多小时，在右侧的嘉兴服务区下车，先跑趟厕所，最后再吃粽子——如果能把这件事情搞得具有仪式感，粽子的味道加分，有时能达到30%！

如果吃不了，千万别兜着走，就算是新鲜而非真空包装的粽子，回家煮出来也完全不是那么回事了。

从前，浙江湖州的粽子，某种程度上名气比嘉兴粽子还响，但湖州粽子和嘉兴粽子起码在外形上还是有明显区别的，前者小巧优雅，称"秀才粽"，后者大方实惠，称"乞丐粽"。作为一个浙江人，金庸在他的小说里从来就不放过每一个以"植入"方式表彰推广湖州粽子的机会："韦小宝闻到一阵肉香和糖香。双儿双手端了木盘，用手臂掠开帐子。韦小宝见碟子中放着四只剥开的粽子，心中大喜……提起筷子便吃，入口甘美，无与伦比。他两口吃了半只，说道：'双儿，这倒像是湖州粽子一般，味道真好。'浙江湖州所产粽子米软馅美，天下无双。扬州的湖州粽子店，丽春院中到了嫖客，常差韦小宝去买。粽子整只用粽箬裹住，韦小宝要偷吃原亦甚难，但他总在粽角处挤些米粒出来尝上一尝。自到北方后，这湖州粽子便吃不到了。"

金庸的意思其实是，湖州粽子，天下无双，不仅嫖客爱吃，侠客也爱吃。见《神雕侠侣》："甜的是猪油豆沙，咸的是火腿鲜肉，端的是美味无比，杨过一面吃，一面喝彩不迭。"吃了黄药师关门弟子程英亲手制作的"天下驰名"的江南粽子之后，杨过还要用粽子与她调情，即把吃剩的粽子用钱拴了，掷出去粘住她，写了什么"既见君子，云胡不喜"的碎纸，也算是把粽子给利用到家了。

不过，现在显然是嘉兴粽子占了上风，五芳斋在包粽子和卖粽子两方面都相当牛叉，不仅在各地的超市以及公路、铁路沿线大卖特卖，还出口到世界五大洲。当然，五芳斋最狠的一招，是把粽子卖成一种一年四季都可以吃的东西，粽子不再是In Season的，更不是端午节的专利，而是All Season的东西了。全中国卖月饼的，心里指不定有多馋呢。

还有老屋可去吗?

李　辉

有一张大学时期的老照片，几个同学，围坐在一处堤坝上打牌，身旁不远处江水流淌。江是钱塘江，坝在嘉兴海宁盐官镇，我们为观潮而来，时在1979年中秋。

当年去观潮虽只留下这一张照片，初次的嘉兴之行却因妙趣横生而留在记忆中，为同学们多年后相聚提供了说不完的话题。或说在盐官长途汽车站一票难求，好歹挤上车去，顾不上是否超载，总算到了嘉兴城；或说住不起旅店，五毛钱住一夜的浴池大通铺，大家也睡得心满意足；或说南湖也不过如此；或说五芳斋的大肉粽子有人一下子吃了两三个……

我就是当年的那个"有人"。如今我还是想斗胆说：忆嘉兴，最忆是粽子。

　　十来年前，知道了嘉兴图书馆有一个秀州书局，书局有一份油印的贩书日记。再过后，日记编成了一本接一本的书——《笑我贩书》（第一本由天津百花文艺出版社出版，续集由江苏文艺出版社出版）。笑我者，即范笑我——秀州书局的主人。

　　闲读《笑我贩书》，恰如江边看潮头，涛声复涛声，景象迭生。在字里行间，看嗜书者们的痴，看性情中人的狂，看天南海北老少文人的心心相印，看购书人论书、论人即兴发挥的辛辣、含沙射影的聪慧，看天地间每日发生的要事、怪事、奇事……琐碎日录，分明是呈现文化风情与世态众生相的一部不可替代的野史。

　　野史，不错。在我眼里，《笑我贩书》的作者有着浓厚的历史情怀。一个孜孜以求的记录者，不厌其烦地记录购书者的行止动态和闲言碎语，有滋有味地记录四面八方来信来电的精彩片段。他更像一个狡黠高明的剪辑师，让自己的情绪波动、偏爱乃至理念，贯穿于不同人、不同对话、不同场景的衔接映衬中。从这一角度说，我又愿意把《笑我贩书》视为小品文，或带有《世说新语》韵味的随笔。

　　七八年前，慕名而访，未想到遐迩闻名的秀州书局，不过是破旧马路旁的一个小屋，寒酸简陋得难以置信。其书库兼办公室，同样寒酸地挤在一间平房里，光线黯淡，人于书桌与书堆之间勉强可以挪动。笑我却一身西服革履，头发梳理得整齐讲究（这两年，他的发型更时髦了，流行的板寸）。他说话不紧不慢，浑身透出斯文，一点儿也看不出《笑我贩书》中无处不在的狡黠。说来难以置信，他就是在这一简陋之地，用一纸油印贩书简讯，把一个个读书人串联起来的。一次，我为写《百年巴金》又去嘉兴，笑我约几位朋友一同带我去塘汇镇，寻访青年巴金曾来拜谒和维修过的李家祠堂。祠堂早已拆除，但不远处的码头仍在。一幢两层楼的老屋与李家祠堂旧址相邻，大门紧闭，院墙残缺不齐，踮脚隔墙一望，院子里瓦砾堆积，杂草高可没腰，从墙角一直蔓延至前廊。再一看，前墙墙板散落，房内楼梯毫无遮掩地敞露出来。显然主人早已搬走，老屋被遗弃了。

"进去看看！"我提议说。

搬来几块砖，垫在脚下，我们一行居然翻墙而入，成了老屋的"不速之客"。

一楼客厅墙上，悬挂着一位老太太的肖像，居士打扮，应该是老屋的主人。走上楼，笑我在一张书桌抽屉里发现一摞老照片，几个日记本。他如获至宝，马上窃为己有。他说，从中说不定会发现有意思的记录。

忘记是谁取走了墙上的肖像，也许是同行的一位摄影家。

我则在楼梯下面的一堆木头里翻找出一块窗栏板，一组人物雕刻精致，居然完好无损。我欣喜若狂，遂窃为己有。走到河边码头石阶上，将它放入水中清洗，带回了北京。如今，窗栏板就一直挂在我家的客厅里——真该向老屋的主人道谢致歉。

再到嘉兴，我总爱问："还有老屋可去吗？"

每年快到端午节，我还会对笑我兄说："寄点儿肉粽子来吧……"

（本文载于2006年4月21日《新民晚报》）

粽技要秘

张锦泉撰，据姚九华回忆整理

如家族有谱系相传，凡物也各有渊源。吾制粽十余载，所以为众人所青睐，盖因吾之粽技源自兰溪，自幼由父母传教，非自旁系。

而今该粽技已与兰溪之传有了改进。究其因，久在嘉兴张家弄，深受"嘉湖细点"熏陶之故，可谓今日之势来之不易。

粽子属江南美食，啖之者甚众。其制作之法虽街头巷尾、邻里坊间、妇孺老少皆可为之，然能得其精髓，绝非易事。就吾之粽子而言，则是心血之托也，绝非他人之雷同。然，有史为鉴，久传必生歧义，这是凡物几经风雨多有失传的道理。

为吾之粽技后继有人，久集众誉，特治本书，以期世代为鉴。

选料篇

吾之粽子尚有鲜肉粽、鸡肉粽、火腿粽、豆沙粽、八宝粽等五个品种，故应筹之原料甚繁。且分别述之。

糯米：嘉兴乃鱼米之乡，糯米品种有扫帚糯、鸡粳糯、虎皮糯、羊眼糯、望海糯等，均为上好稻糯，故吾采用本地之糯入粽，不再另谋。因糯米均为单户种植，米行收囤，难以再分品种，故只是挑选粒圆珠润，色泽粉白者收之。然糯米有新糯、陈糯之区别，此大有讲究。新糯者，米粒的侧边有一条细小的白线围绕，此种糯米水分较高；陈糯者，米粒中的那条细小白线已蔓延整粒，全粒米均显白色，此种糯米因存放一段时间，水分较低。但此处所谓陈糯是相对新糯而言，一年以上的真正陈糯则不可入粽。

在购进糯米时，切记不可将新糯、陈糯混在一起。由于所含水分不同，烧煮粽子的时间则不同也。

另，所用之糯米尽可能随轧随用。因米在谷中是活的，所以新轧之米尚有活性，称之为"活米"；而脱谷二十天后的米已无活性可言，则谓之"米尸"，口感差矣。

鲜猪肉：以新鲜为要，故只选本地当日宰杀之骟猪，决不可用公猪、母猪及死猪之肉。猪肉应选猪后腿之雌片，因雌片的后腿比雄片少一根腿骨，出肉量多。另，所用之肥膘，应选取脊膘部分。

猪油：以新鲜为要，故只选本地当天宰杀的骟猪之板油。

鸡肉：以新鲜为要，故只选本地一年以上大公鸡（如两年左右种鸡更佳）。其因是公鸡肉质鲜美，其香无比，且久煮不烂。当天宰杀之，取鸡之胸及大腿之肉。

火腿：选上好之金华火腿。

赤豆：只选大红袍。此品种的赤豆皮薄、沙绵，出沙率高。

莲子：选湘莲，该莲肉粒大饱满，烧之易酥。

瓜仁：西瓜仁最佳。

松仁：清白者为佳。

核桃仁：清白者为佳。

红瓜、绿瓜：余选嘉兴张萃丰之产。

红枣：东北大红枣，要求核小、干糯、无黑色者。

箬叶：本省山区也有，但不及安徽产。箬叶，大伏天收采的为最佳，因此时的箬叶正是当值，曰"伏叶"。过早，叶小而薄，箬叶香气尚不饱满；过晚，谓之"秋叶"，叶老矣，茎粗叶脆，香气散，均不宜包粽。另箬叶以四指宽、一尺二寸长为最佳。

苏草：金华所产为好，以五尺长为准，以干者收之。

酱油：因酱油易发霉，以选本地为好，并量出为进，不放库存。吾选嘉兴高公升酿制的红酱油，该酱油红润，香气十足，且咸淡适宜。

酒：无论猪肉、鸡肉均应加酒拌之。一般嘉兴人喜用黄酒佐

之，吾觉酒力不胜，故用50度以上粮食烧佐之，且要求酒入喉成一线者，酒香十足。吾选用高公升产。

白砂糖：颗粒要细，质地要白，以广货为佳。

盐：颗粒要细，色白，无杂质。

味之素：东洋货，用以增鲜。祖传配方无此物，吾自开店以来，味之素已经为国人接受，用于汤菜之中。现上海天厨公司有味精，则是相同之物，可用。此物神奇，确有增鲜之特效，吾也用之。

水：煮粽之水，为制粽之要，不得小觑。水好则粽香，水差则粽毁，故水必采自大河之活水。水中不得有杂质、异味，甘者为最佳。

因料较繁杂，且多来自市井，总有苟且者以次充好。故吾等选料坚持真材实料为要，应将"精选上等材料，不以次充好"作为信条遵之。

料选毕，入库保管则显重要。前就有因保管不善，原料变质，入粽后，致使影响品味。更甚者，库存全废，劳民伤财，客走牌损，切记。因店小，保管困难，吾还是以勤进量少为好。

料工篇

料工为制粽前的原料准备，也可谓制粽的前道，乃制粽之基础。原料的处理事关粽子是否上品，就如建房前的基础，古训"千年基石万年房"，基打得好尚能盖坚固的房屋，料工精湛才能立粽子的牌子，切不可姑且视之。

糯米：放淘箩内用清水漂洗，剔除谷壳、细石等杂质，清涤残留之米糠粉尘。一次不得超过三十斤，动作要快，时间要短，五分钟内必滤尽积水。漂洗好的米随即拌味入粽，切不可在清水中长时间浸，因为这样的米吃饱了水，很难令酱油入米；另，漂洗过的米不可长时间存放，因为过水的米长时间存放，在烧煮过程中米粒会糊化，没有糯性，没有嚼头。

切记，在制作咸味粽子时，因糯米中要拌入酱油、食盐、白砂糖、味之素等，要多加搅拌，使加入之料均匀渗透，颜色统一。其放入原料比例为：每十斤糯米放白糖二两二钱、食盐一两一钱、味之素一两一钱、酱油三两八钱。

鲜猪肉或鸡肉：先用刀剔骨及去黄膘。按肉纹，横刀切成长二寸、宽一寸、厚半寸的长方肉块。肉块要求肥瘦对半（对猪肉而言）。然后按每十斤鲜猪肉或鸡肉放白糖一两、食盐一两二钱、味之素一两一钱、粮食烧一两一钱，用手反复搓揉，至鲜猪肉或鸡肉表面起细小白沫方可。每只粽子，肉为一两五钱。

火腿：先用刀剔骨及去膘，除尽火腿表面之陈积。按肉纹，横刀切成长二寸、宽一寸、厚二分的薄片，每片五钱，每只粽子两片。

猪油：猪板油撕去表面之膜，洗净，切成半寸见方油丁，腌在白

砂糖中待用。

豆沙：赤豆先用水漂洗，剔除杂质，加水没顶浸泡至赤豆涨大，上锅加水烧煮，至酥烂，用笊篱捞出浮在水面之豆衣，以一斤赤豆加一斤一两白砂糖的比例加白砂糖，用锅铲反复翻炒，直到成沙。这时要求不见豆衣，白砂糖与豆沙充分混合。一般出沙量为二斤七两为佳。后用手将一两五钱豆沙加入一粒猪油，捏成圆球待用。

红枣：挑出残次，洗净待用。

莲子：剥衣、出芯，洗净待用。

瓜仁：去杂质，剔除霉仁，清洗后待用。

松仁：去杂质，剔除霉仁，清洗后待用。

核桃仁：去桃夹，剔除霉仁，清洗后待用。

红、绿瓜：切成细丝待用。

箬叶：用清水浸泡，以粽叶吃足水分、叶子变软为准，之后清洗干净，滤干水分，挑出残次品待用。

苏草：用清水浸泡，清洗干净，挑出残次品，滤干水分待用。

料工为粽子的精华所在，粽子的味道由此而生，亦是吾祖传配方之要，按祖训不得外传，然吾深知事业做大，依一人之力断不可能，吾意改为：不得传至店外，望吾店同仁遵之。

包工篇

此乃制粽的关键，因粽子的色、香、味、形皆由此道体现，犹如得体之衣装使人精神，道理一样。

吾之五芳斋粽子形态别致，如将一长方形其中两角扭了个向，浑然一变异的四方形，个体敦实，卖相丰满，此乃区别于他粽的最具己粽特点的粽形。尔等切不可弃之，而另有他谋。

取粽叶两张，首尾一顺相叠，阳面做里（阳面者即粽叶之受阳光之面，它的背面谓之阴面。阳面因受日照长，故叶表面较阴面光滑，不粘米粒，粽熟后易于剥开）；从三分之一处折成锥形（即留一头粽叶），加粽之一半糯米，中添馅料，再加粽之另一半糯米，将馅料覆盖；将粽叶留出部分折向粽体，将粽体包裹，后用苏草在粽腰处正绕六圈、反绕五圈半扎紧，将苏草首尾的余部相扭，塞入扎紧的苏草中。

须知：

其一，包好的生粽子，粽子的其中一只角应留少许空隙，以摇起来有沙沙的响声为准。此是为了粽子在烧煮时让糯米充分吃水，有膨胀的余地，以杜绝糯米因吃水不足而夹生。此只对豆沙粽而言，肉粽无此要求。

其二，豆沙粽在放第二把米时应将豆沙露出一点，这样的熟粽子剥出来后非常好看，能增食者之欲。

其三，火腿粽在放火腿片时，应在两片火腿中夹一片同样大小的鲜肥猪肉。因是腌制品的关系，火腿肉较硬，夹一片鲜肥猪肉可改善口感。

其四，鲜肉粽或鸡肉粽、火腿粽在放第二把米时，应用糯米将肉全部覆盖住，此是为防粽子在烧煮时油脂析出。油脂附在粽叶上，直观不佳，且易引起粽子霉变，使熟粽不能久储。

其五，八宝粽的莲仁、瓜仁、松仁、核桃仁、红枣、红瓜、绿瓜应用手指用力按进豆沙后捏成团状，再入粽。

其六，为了便于识别粽子的品种，在包粽时，叶尾留长的为豆沙粽，叶尖留长的为鲜肉粽子，剪叶尾者为八宝粽，剪叶尖者为火腿粽，留一尖一尾者为鸡肉粽。

其七，苏草扎粽，此乃一技。因苏草韧劲有限，扎时用力不当或折断，或太松而导致叶米散也。然此技不可言传，只能靠在包粽时的感悟。

其八，每只粽糯米为三两，熟粽的重量应控制在四两五钱。应在包粽时间歇用秤称量，如有偏差，随时予以调整，然熟练者必能每每皆准，此乃包粽者必备之技艺。

火工篇

烧煮粽子为粽子的后道关口，成功与否，就此揭晓。

用三尺塘锅，注水，放入生粽。要求入粽后，水应将粽子浸没。锅盖要用一寸厚的杉木为之，杉木的拼接要密实无缝，以防在烧煮时水汽过分逃逸。水少时要及时注水，防止烧干而使粽香受损。

烧火之柴，以果木为佳，桑木次之。谨防用松木为柴，因松木之松油气味甚重，易与锅内粽子串味。

在烧煮时，切记：肉粽，水烧开后下锅；甜粽，冷水下锅。

粽子入锅后，先应猛火令水烧沸，后改中火焖煮。用新糯米制的粽子烧煮时间为四个时辰，而用陈糯米制的粽子烧煮时间为四个半时辰，盖因新糯米含水量高，易煮烂，陈糯米含水量低，不易煮烂之故。

保存篇

粽子煮好，即可上柜出售。但难免有存放周转的过程，此时应注意粽子的存放方法。尤其外卖的粽子，一定要冷透方可出售。

放粽子的竹丝淘箩在每次放粽前用水清洗，以清除上日留存之污迹，晾干待用。存在竹筐中的热粽要尽快冷下来，切不可把盛有粽子的竹筐丝淘箩相叠加，因相叠在一起的粽子不易散热，这是其一；竹丝淘箩的叠加将使垫在底下的粽子变形，这是其二；竹丝淘箩底部与粽子接触，将给部分粽子带来不洁，这是其三。

粽子的存放，夏日不得超过三天，冬日不得超过七天。遇有霉变之粽，应弃之。

以上之措施，将会最大限度地杜绝粽子的霉变，以免使制粽的全过程功亏一篑，全盘皆输。

器具篇

孔子曰："工欲善其事，必先利其器。"吾制粽亦是同理。

所谓粽子器具者，分为两类，即制粽器具与食粽器具，也可谓之"工具"与"食具"。

工具。

竹丝淘箩：一尺五寸直径，一尺高，用竹青劈丝编之。要求编织密实。此为淘米之用。

大水缸：三尺直径以上，注水后淘米之用。另备大水缸数只，作储水之用，便于制粽时其他用水之需。

粉缸：又称"撇缸"，与水缸同质。口大沿低，缸底内缩。一般二尺直径，七寸高低，拌肉馅用，用时置于矮几上，以便于操作。

木桶：以杉木为佳，尺寸与粉缸同，拌米用，用时同样置于矮几之上，方便操作。

作台板：一丈长，三尺宽，二尺高，杉木制。此有二用：上置砧板切肉用，这是其一；上置菱桶包粽用，这是其二。

菱桶：菱桶为南湖采菱之工具，杉木制。因其为椭圆形，盛米包粽最为方便，吾取而用之。亦可作洗粽叶之用。

砧板：一尺五寸直径，五寸厚，与肉铺切肉之砧板同，吾取而用之切肉。

灶头：自砌之柴灶，由烟囱、灶膛、灶口组成，灶膛上口应与塘锅直径一致。

塘锅：烧粽子的器物，下半部为无沿直口铸铁锅，直径三尺，一尺深；上半部为杉木桶，一尺高，木桶下口将铁锅的上口紧紧包住，木桶上应多加铁箍，使之坚固，不渗水渗气。上有杉木盖，大小与塘锅口同，一寸厚，分两个半圆，便于在烧粽时加水。

铁锅：直径三尺，炒豆沙用。

此外，还要配以杆秤，称量之用；菜刀，分厚背刀、柳叶刀，切肉之用；长柄锅铲，炒豆沙用；面盆，配料用。

食具。

盆子：堂吃之餐具，理应讲究，以五寸白色细瓷为佳，因为此是最能体现粽子之色的器物。器佳助食欲也。

筷子：选用深棕色，分量要重，精美的筷子有庄重之感。

簧篮爿：为外买者携带方便，吾用最具江南特色的簧篮爿作包

装物。此篾篮只为两个圆片组成，粽子装在中间，两片一合，用绳扎牢即可。此为吾店之独创也。

操守篇

吾制粽十载有余，看其逐年兴隆，甚欣慰，自是珍惜。然国有国法，家有家规，吾店同仁，也应切记：欲求食之精品，必先立好人品。此乃本店伙计立人行事的操守。

吾自在张家弄创业，最大的心得是一个"和"字，和者百事兴，万事隆，乃立店之根本。故吾店之操守由"和"字起，和者昌，和者旺，和者百年基础。

故掌握粽技之同仁，心中必有一个"和"字，立人行事以"和"字为准则。

首先，店内同仁皆兄弟，以和睦为佳，家和万事兴。

其二，顾客是吾之衣食父母，以和善为旨。

再者，同业者，皆为谋生，实都不易，以和谐为要，相互帮衬，水涨船高。

本书之粽子的配方及技艺，只供本店之伙计传看掌握，不得传抄，不得外传，如有违此规者，逐出本店，报同业公会，罚永世不得入行。

  按祖制，本书该传之人为吾之后人，如后人不入此行，为吾之粽子技艺后继有人，则由上一传人按情处之。后继有人，吾之愿也。

  十年种树，百年树人，望吾之后继者遵此鉴。

主要参考文献

1. 浙江省人民政府关于公布第三批浙江省非物质文化遗产名录和第一批、第二批浙江省非物质文化遗产扩展项目名录的通知（浙政发〔2009〕35号）。

2. 国务院关于公布第三批国家级非物质文化遗产名录的通知（国发〔2011〕14号）。

3. 《嘉兴府志》，（清）许瑶光等修、吴仰贤等纂，清光绪五年刊本。

4. 《周礼·仪礼·礼记》，（西周）周公旦撰，岳麓书社，1989年。

5. 《太平御览》，（宋）李昉等撰，中华书局。

6. 《集韵》，（宋）丁度等编纂。

7. 《荆楚岁时记》，（南朝梁）宗懔撰，山西人民出版社，1987年。

8. 《酉阳杂俎》，（唐）段成式撰，上海古籍出版社，2012年。

9.《东京梦华录》,(宋)孟元老撰,中州古籍出版社。

10.《梦粱录》,(宋)吴自牧撰,三秦出版社,2004年。

11.《武林旧事》,(宋)周密撰,浙江人民出版社,1984年。

12.《易牙遗意》,(明)韩奕撰,中国商业出版社,1984年。

13.《本草纲目》,(明)李时珍著,江苏人民出版社,2011年。

14.《古禾杂识》,(清)项映薇著,王寿、吴受福补,"三人丛书",2001年。

15.《嘉兴商会志》,《嘉兴商会志》编纂委员会,2011年。

后记

　　2014年1月2日，浙江省文化厅下发了关于做好"浙江省非物质文化遗产代表作丛书"第三批国家级非物质文化遗产名录项目编纂出版工作的通知（浙文非遗〔2014〕4号文件）。

　　目前，浙江省第三批国家级非物质文化遗产项目共有五十八项，五芳斋粽子制作技艺也列于其中。受五芳斋集团的委托，我有幸成为《五芳斋粽子制作技艺》的撰稿人。

　　在撰写过程中，集团董事长厉建平、总裁朱之强、副总裁兼党委书记赵建平，实业公司品牌总监徐炜都给予了关注和支持，特别是赵建平，在写作式样上也给予了具体的指导。

　　为了本书的可读性，"传承人姚九华"一文在忠于史实的基础上采用了文学性的写法，艺术地将五芳斋粽子的渊源、发展过程、制作技艺呈献在大家的眼前。

　　这里还要说明的是，"五芳斋粽子的传承与保护"一章中，"面临的问题"及"保护措施"两节出自陈荀嘉之手，为本书增色不少。

屠丽辉不但为本书提供了许多珍贵的照片、资料，还在出版过程中做了大量工作。

在写作过程中，闰玉兰提了许多颇有建设性的意见。

感谢张锦泉的遗孀唐奶纳及其两个儿子张亚青、张菊明，是他们提供了张锦泉初来嘉兴的一些情况。感谢朱庆堂的儿子朱烈，是他提供了许多五芳斋初创时期的史实。

以上这些无疑使五芳斋的历史更真实、更丰满。

搁笔之际，心中甚是忐忑，拙文能否通过大家的检验呢？

但总而言之，能为"非遗"做出一点贡献是我毕生的心愿，感谢浙江省文化厅和五芳斋集团给了我这个机会。

作者

责任编辑：唐念慈

装帧设计：薛　蔚

责任校对：王　莉

责任印制：朱圣学

装帧顾问：张　望

本书图片由屠丽辉提供

图书在版编目（ＣＩＰ）数据

五芳斋粽子制作技艺／杨颖立，徐炜，屠丽辉编著.
－－ 杭州：浙江摄影出版社，2015.12（2023.1重印）
（浙江省非物质文化遗产代表作丛书／金兴盛主编）
ISBN 978－7－5514－1185－1

Ⅰ.①五… Ⅱ.①杨… ②徐… ③屠… Ⅲ.①粽子—
制作—介绍—嘉兴市 Ⅳ.①TS972.116

中国版本图书馆CIP数据核字（2015）第277720号

五芳斋粽子制作技艺

杨颖立　　徐炜　　屠丽辉　编著

全国百佳图书出版单位
浙江摄影出版社出版发行
　　地址：杭州市体育场路347号
　　邮编：310006
　　网址：www.photo.zjcb.com
制版：浙江新华图文制作有限公司
印刷：廊坊市印艺阁数字科技有限公司
开本：960mm×1270mm　1/32
印张：5
2015年12月第1版　　2023年1月第2次印刷
ISBN 978－7－5514－1185－1
定价：40.00元